工业机器人应用技术系列核心教材

工业机器人电气安装

主　编　钟立华

副主编　陈吹信　陈公兴　刘红军

参　编　林显其　李国平　徐友达　王　毅　李国庆

　　　　丁伟瑞　苏镜康　赵海强　李嘉炜　邓超伟

U0396476

华南理工大学出版社
SOUTH CHINA UNIVERSITY OF TECHNOLOGY PRESS
·广州·

图书在版编目（CIP）数据

工业机器人电气安装/钟立华主编．—广州：华南理工大学出版社，2016.11
（2018.5 重印）
工业机器人应用技术系列核心教材
ISBN 978 - 7 - 5623 - 5121 - 4

Ⅰ.①工…　Ⅱ.①钟…　Ⅲ.①工业机器人 - 电气设备 - 设备安装 - 教材
Ⅳ.①TP242.2

中国版本图书馆 CIP 数据核字（2016）第 257213 号

工业机器人电气安装

钟立华　主编

出 版 人：卢家明
出版发行：华南理工大学出版社
　　　　　（广州五山华南理工大学 17 号楼，邮编 510640）
　　　　　http：//www.scutpress.com.cn　　　E-mail：scutc13@ scut.edu.cn
　　　　　营销部电话：020 - 87113487　87111048（传真）
策划编辑：毛润政
责任编辑：毛润政
印 刷 者：虎彩印艺股份有限公司
开　　本：787mm×960mm　1/16　印张：8.25　字数：181 千
版　　次：2016 年 11 月第 1 版　2018 年 5 月第 3 次印刷
定　　价：30.00 元

编写委员会

主　任　蔡　敏

副主任　林建文

编　委（按姓氏笔画排序）

王如意　　任元吉　　刘志刚　　许　勇

许志才　　李国平　　李俊文　　肖桂英

陈公兴　　陈玉莲　　陈吹信　　林　松

周　英　　周书兴　　张德福　　钟　奇

钟立华（女）　钟立华（男）　贾海英

黄　钊　　梅　伶　　韩焰林　　雷敏娟

鄢圣杰　　魏雪燕

序 言

作为智能制造产业的核心装备，工业机器人以其稳定、高效、低故障率等众多优势正越来越多地代替人工劳动，成为我国加工制造业转型、提高生产效率、推动企业和社会生产力快速发展的有效手段。随着国家在机器人产业政策上给予的倾斜和支持，工业机器人技术水平得到了很大提升，工业机器人的应用逐渐普及，我国的工业机器人产业链也在规模和层次上高速发展。

工业机器人本身是集机械、电子、控制、计算机、传感器、人工智能等多学科先进技术于一体的自动化设备。工业机器人的操作、调试、维修人员需要掌握多方面的知识和技能，才能充分发挥机器人的功能，确保其正常、可靠运行，社会也需要越来越多的具有不同专业背景的从事机器人研发的技能型人才。

为加速培养工业机器人专业人才，国内许多院校已开设机器人专业课程，但目前这方面的图书大多没有清晰的应用技术指向，也未能系统地介绍工业机器人实际操作和应用技术的多方面内容。在此背景下，我们组织企业技术人员和院校骨干教师共同编写了"工业机器人应用技术系列核心教材"，以服务于工业机器人应用技术专业的核心课程体系。

本套教材具有实用性和系统性的鲜明特点：它基于自动化、机电一体化等专业开设工业机器人课程；针对数控实习进行改革创新，引入了工业机器人实训项目；结合企业应用和师资培训需求编写教材，构建了工业机器人教学信息化平台，为课程体系建设提供了必要的系统性支撑。

本系列教材包括七种：《工业机器人基础》《工业机器人电气安装》《工业机器人人机界面与示教编程》《工业机器人程序设计》《工业机器人使用与维护》《工业机器人工作站系统与应用》和《工业机器人设计应用实例》。未来还计划继续扩充。本套教材以"强化实操、实用、够用"为目的，把教、学、示、做等各环节有机地结合起来，加强对学生实操能力的培养，让学生在"做中学，学中做"，满足当前企业对机器人应用维护技术人员的强烈需求。

本系列教材内容的选取符合学生的认知规律，教学过程中可以根据各自实际情况适当裁剪，以满足不同基础与层次学生学习的需要。为方便教学，本系列教材均配有免费的电子教学课件和实训指导书。

　　在教材的研讨、编写过程中，我们得到了学校领导和相关院系的大力支持和帮助，一些校外工业机器人研发、生产企业的专家们也给予了我们许多具体、实际的帮助和指导，如广州园大智能设备有限公司的贾海英，广州数控设备有限公司的许志才、林松、黄钊，深圳市英太教育科技有限公司的黄太寿等，在此向他们表示衷心的感谢。

工业机器人应用技术系列核心教材编委会

2016 年 9 月

前　言

机器人在现代社会有着广泛的应用，特别是在工业领域，越来越多的工厂用机器取代人工。只有掌握了机器人电气控制及维修、机器人操作与编程等现代生产技术，才能适应工业社会的快速发展，满足我国各类生产型企业对技能型人才的需求。

"工业机器人应用技术系列核心教材"正是根据此特定需求，结合作者在研发和组装工业机器人的过程中总结的经验进行编写的。它集工业机器人原理与应用于一体，系统地介绍了工业机器人的原理、电气控制、机械结构、组装与维修、人机界面操作、系统编程、检修与维护等方面的内容，重点体现在应用与实操。通过对本系列教材的学习，将能使读者具备现场应用及维护配套产品的能力，为今后从事工业机器人操作与维护工作奠定良好的基础。

本书系统地介绍了工业机器人电气控制的原理和安装过程，是系列教材的重要一环。全书共分6章，其中第一章介绍了工业机器人电气装配及维修中常用的压线钳、剥线钳、万用表、电烙铁和直流稳压电源的使用方法；第二章介绍了工业机器人控制电柜中用到的电气元件的特点和使用方法；第三章介绍了工业机器人运行的动作过程和如何读懂工业机器人电气线路图；第四章介绍了工业机器人控制电柜的设计与安装；第五章介绍了工业机器人用到的各传感器的特点和气动电路的安装方法；第六章主要介绍了变频器的特点、工作原理和安装使用方法。为巩固所学内容，每部分都附有一定数量的思考与练习题。

本书可作为高职高专院校机器人相关专业的教学用书，也可作为本科院校、中职中专、成人教育、自学考试、电视大学、各类培训班的教材，以及相关工程技术人员的参考用书。

本书由广东技术师范学院天河学院钟立华担任主编，陈吹信、陈公兴、刘红军担任副主编。在编写过程中，得到了广州园大智能设备有限公司林显其、徐友达、王毅等工程师的大力支持，在此表示衷心的感谢！在本书的修订过程中，广东技术师范学院天河学院林建文、王玲华、杨宁、孙炳达、李国庆、陈朝大、李国平等专家学者提出了宝贵的建议，在此一并表示感谢！

全书由钟立华统稿，陈吹信负责统筹协调，丁伟瑞负责编写第一、三章，邓超伟负责编写第二章，苏镜康负责编写第四章，李嘉炜负责编写第五章，赵海强负责编写第六章，陈公兴负责审校。因为工业机器人包含的内容比较多，涉及的知识面比较广，在本书的编写中参考了大量的工程技术书刊等资料，在此谨向这些资料的作者表示衷心的谢意。

限于作者的水平，书中不妥之处在所难免，恳请读者批评指正。

编者

2016 年 9 月

目　录

1

第1章

常用工具的认识和使用

1.1　压线钳的认识和使用

1.1.1　认识压线钳

压线钳，是用来压制水晶头的工具（见图1-1）。常见的电话线接头和网线接头都是用压线钳压制而成的。压线钳一般有剥线、切线和压线三种功能，在识别其质量时也应该从以下几方面考虑。

（1）用于切线的两个金属刀片质量一定要好，以保证切出的端口平整无毛刺。同时，两金属刀片之间的距离应适中，距离太大时不易剥除双绞线的胶皮，距离太小时则容易切断导线。

（2）压线端的外形尺寸应和水晶头相匹配。购买时最好准备一个标准的水晶头，将水晶头放入压线端口后应非常吻合，而且压线钳上的金属压线齿（共8个）以及另一侧的加固头必须准确地与水晶头相对应，不能出现错位。

图1-1　压线钳

（3）压线钳钢口要好，否则刀片容易产生缺口，压线齿也易变形。

1.1.2　压线钳的实际使用（练习制作压线端子）

1. 压线钳的使用

压线钳一侧有刀片处为剪线刀口，用于剪断UTP电缆和修剪不齐的双绞线；两侧有刀片处为剥线刀口，用于剥去UTP电缆外层绝缘套；一侧有8个牙齿，另一侧有槽处为RJ-45压槽，用于将RJ-45连接器上的针脚轧入双绞线上。如图1-2所示。

1

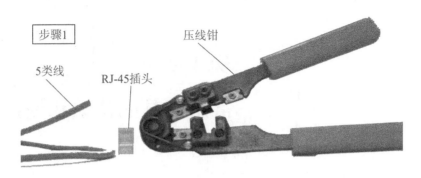

图1-2 压线钳使用示意图

2. 剥线

将 UTP 电缆一端插入压线钳的剥线刀口，轻微握紧压线钳，慢慢转动，使刀口划开外层绝缘套并剥去，露出 UTP 电缆中的 4 对双绞线。如图 1-3、图 1-4 所示。

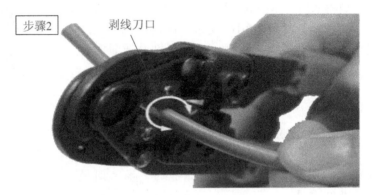

图1-3 剥线示意图

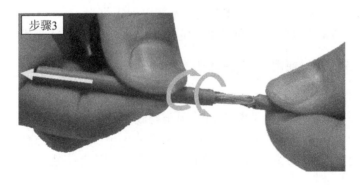

图1-4 去掉绝缘套示意图

3．排线

将 4 对双绞线扭开，拉直，按照一种标准排好线序，用压线钳的剪线刀口将 8
根双绞线剪齐。如图 1－5 ～ 图 1－8 所示。

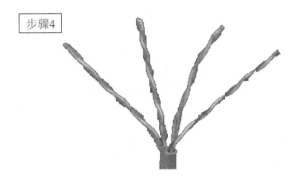

图 1－5　UTP 电缆中的 4 对双绞线示意图

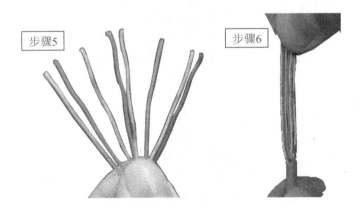

图 1－6　扭开、拉直、排序示意图

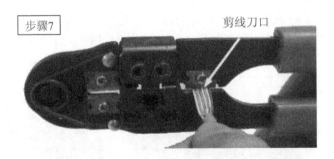

图 1－7　剪齐示意图

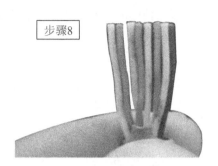

步骤8

图 1-8　剪齐后实物图

4．插入 RJ-45 连接器

将排好线序的双绞线平插入 RJ-45 连接器中，直到所有双绞线都接触到 RJ-45 连接器的另一端。如图 1-9 所示。

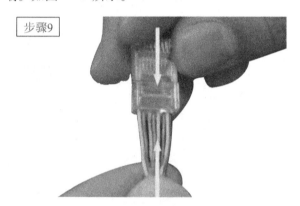

步骤9

图 1-9　RJ-45 连接器示意图

5．压线

确认所有双绞线顺序无误并且都已到位后，将 RJ-45 连接器从无牙齿的一侧推入压线钳的 RJ-45 压槽中，然后用力压紧，使 RJ-45 连接器的 8 根针脚入到双绞线中，并与其内部的铜芯紧密接触。如图 1-10、图 1-11 所示。

步骤10

压头槽

图 1-10　准备压线示意图

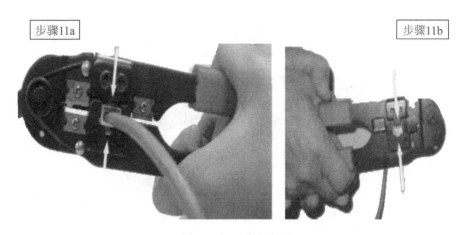

图 1 - 11 压线示意图

6. 测试

将制作完毕的 UTP 电缆两端的 RJ - 45 连接器分别插入电缆测试仪的两个接口中，开启电缆测试仪。如果是直通线，所有对应号数的灯分别同时亮起，则表明 RJ - 45 连接器制作成功。如果是交叉线，交叉的 1，3 号灯和 2，4 号灯分别对应同时亮起，其他所有对应号数的灯也分别同时亮起，则表明 RJ - 45 连接器制作成功。

1.2 剥线钳的认识和使用

1.2.1 认识剥线钳

剥线钳是进行电动机修理、仪器仪表修理常用的工具之一，专供电工剥除电线头部的表面绝缘层用。如图 1 - 12、图 1 - 13 所示。

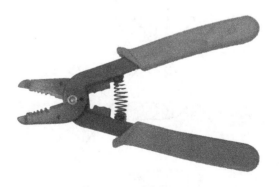

图 1 - 12 剥线钳（1）

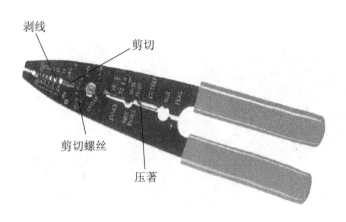

图 1 - 13　剥线钳（2）

机构原理：如图 1 - 14 所示为剥线钳的机构简图，当握紧剥线钳手柄使其工作时，图中弹簧首先被压缩，使得夹紧机构夹紧电线。而此时由于扭簧 1 的作用，剪切机构不会运动。当夹紧机构完全夹紧电线时，扭簧 1 所受的作用力逐渐变大，致使扭簧 1 开始变形，使得剪切机构开始工作。而此时扭簧 2 所受的力还不足以使得夹紧机构与剪切机构分开，剪切机构完全将电线皮切开后，剪切机构被夹紧。此时扭簧 2 所受作用力增大，当扭簧 2 所受作用力达到一定程度时，扭簧 2 开始变形，夹紧机构与剪切机构分开，使得电线被切断的绝缘皮与电线分开，从而达到剥线的目的。

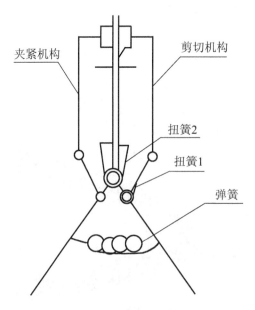

图 1 - 14　剥线钳机构简图

1.2.2 剥线钳的实际使用（练习剥除导线皮）

剥线钳的使用如图1-15所示。要根据导线直径，选用剥线钳刀片的孔径。

（1）根据缆线的粗细型号，选择相应的剥线刀口（参见图1-15a）。

（2）将准备好的电缆放在剥线工具的刀刃中间，选择好要剥线的长度（参见图1-15b）。

（3）握住剥线工具手柄，将电缆夹住，缓缓用力，使电缆外表皮慢慢剥落（参见图1-15c）。

（4）松开工具手柄，取出电缆线，这时电缆金属整齐露出外面，其余绝缘塑料完好无损（参见图1-15d）。

剥线钳的操作步骤如表1-1所示。

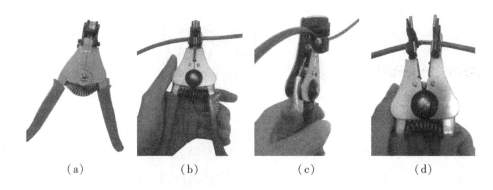

（a） （b） （c） （d）

图1-15 剥线钳使用示意图

表1-1 剥线钳操作步骤

序号	操作步骤	操作说明	备注
1	检查工具	1. 检查剥线钳把手胶柄完好； 2. 本体有无破损、变形； 3. 钳口开关动作灵活	
2	适用范围	1. 用于剥开电线的绝缘层； 2. 电线型号包括照明电线、控制电线	1. 验明电线无电； 2. 防止误碰带电设备
3	剥开绝缘层	1. 右手握住剥线钳，左手将电线放入剥线钳相应直径的卡口内； 2. 右手向内用力，把钳口向外分开，将电线线芯与绝缘层分离； 3. 将使用后的剥线钳和电线放在规定位置	防止夹伤手指

1.3 万用表的认识和使用

1.3.1 认识数字万用表

数字万用表测量电压、电流和电阻功能是通过转换部分电路实现的，而电流、电阻的测量都是基于电压的测量，也就是说数字万用表是在数字直流电压表的基础上扩展而成的。转换器将随时间连续变化的模拟电压量变换成数字量，由电子计数器对数字量进行计数得到测量结果，再由译码显示电路将测量结果显示出来。逻辑控制电路控制电路的协调工作，在时钟的作用下按顺序完成整个测量过程。图 1 – 16 所示为数字万用表实物图。

图 1 – 16　数字万用表

数字万用表是一种多用途电子测量仪器，一般包含安培计、电压表、欧姆计等功能，有时也称为万用计、多用计、多用电表或三用电表，如图 1 – 17 所示为数字万用表的功能结构图。数字万用表有用于基本故障诊断的便携式装置，也有放置在工作台的装置，有的分辨率可以达到七八位。数字多用表（DMM）就是在电气测量中要用到的电子仪器。它可以有很多特殊功能，但其主要功能就是对电压、电流和电阻进行测量。数字多用表作为现代化的多用途电子测量仪器，主要用于物理、电气、电子等测量领域。

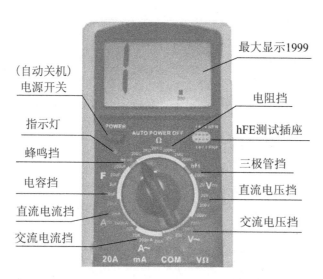

图 1-17　数字万用表的功能结构图

最大显示1999

电阻挡

hFE测试插座

三极管挡

直流电压挡

交流电压挡

（自动关机）
电源开关

指示灯

蜂鸣挡

电容挡

直流电流挡

交流电流挡

1.3.2　正确使用万用表测量电压、电流、电阻

1. 直流电压的测量

图 1-18 所示为直流电压测量示意图。

（1）将黑表笔插入 COM 插孔，红表笔插入 V/Ω 插孔。

（2）将功能开关置于直流电压挡 V- 量程范围，并将测试表笔连接到待测电源（测开路电压）或负载上（测负载电压降），红表笔所接端的极性将同时显示于显示器上。

（3）查看读数，并确认单位。

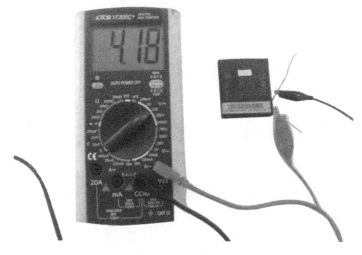

图 1-18　直流电压测量示意图

注意：

（1）如果不知被测电压范围，将功能开关置于最大量程并逐渐下降。

（2）如果显示器只显示"1"，表示过量程，功能开关应置于更高量程。

（3）"."表示不要测量高于 1 000V 的电压，显示更高的电压值是可能的，但有损坏内部线路的危险。

（4）当测量高电压时，要格外注意，避免触电。

2．交流电压的测量

（1）将黑表笔插入 COM 插孔，红表笔插入 V/Ω 插孔。

（2）将功能开关置于交流电压挡 V－量程范围，并将测试笔连接到待测电源或负载上。

测试连接图如图 1－19 所示。测量交流电压时，没有极性显示。

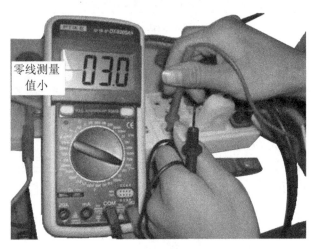

图 1－19　交流电压测量示意图

3．直流电流的测量

（1）将黑表笔插入 COM 插孔，当测量最大值为 200mA 的电流时，红表笔插入 mA 插孔；当测量最大值为 20A 的电流时，红表笔插入 20A 插孔。

（2）将功能开关置于直流电流挡 A－量程，并将测试表笔串联接入到待测负载上，电流值显示的同时，将显示红表笔的极性。如图 1－20 所示为鼠标工作电流测量示意图。

注意：

（1）如果使用前不知道被测电流范围，将功能开关置于最大量程并逐渐下降。

（2）表示最大输入电流为 200mA，过量的电流将烧坏保险丝，应再更换。20A 量程无保险丝保护，测量时不能超过 15s。

图 1 - 20 鼠标工作电流测量示意图

4. 交流电流的测量

交流电流的测量方法与直流电流的测量方法相同，不过挡位应该打到交流挡位，电流测量完毕后应将红笔插回"V/Ω"孔。若忘记这一步而直接测电压，万用表或电源会报废！

5. 电阻的测量

将表笔插进"COM"和"V/Ω"孔中，把旋钮旋到"Ω"中所需的量程，用表笔接在电阻两端金属部位。如图 1 - 21 所示。

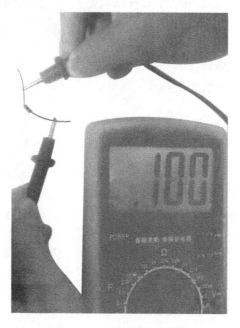

图 1 - 21 电阻测量示意图

注意：

（1）如果被测电阻值超出所选择量程的最大值，将显示过量程"1"，应选择更高的量程。对于大于1MΩ或更高的电阻，读数要几秒钟后才能稳定，这是正常现象。

（2）当线路没有连接好时，例如开路情况，仪表显示为"1"。

（3）当检查被测线路的阻抗时，要保证移开被测线路中的所有电源、所有电容放电。被测线路中，如有电源和储能元件，会影响线路阻抗测试的正确性。

（4）万用表的200MΩ挡位，短路时有10个字，测量一个电阻时，应从测量读数中减去这10个字。如测一个电阻时，显示为101.0，应从101.0中减去10个字。被测元件的实际阻值为100.0，即100MΩ。

（5）测量过程中可以用手接触电阻，但不要把手同时接触电阻两端——人体的电阻很大，但属于有限大的导体。

1.4 电烙铁的认识和使用

1.4.1 认识电烙铁

电烙铁是电子制作和电器维修的必备工具，其主要用途是焊接元件及导线。图1-22所示为电烙铁实物图。按机械结构可分为内热式电烙铁和外热式电烙铁，按功能可分为无吸锡电烙铁和吸锡式电烙铁；根据用途不同又分为大功率电烙铁和小功率电烙铁。

以下介绍外热式电烙铁和内热式电烙铁。

1. 外热式电烙铁

外热式电烙铁由烙铁头、烙铁芯、外壳、木柄、电源引线、插头等部分组成。由于烙铁头安装在烙铁芯里面，故称为外热式电烙铁。烙铁芯是电烙铁的关键部件，它是将电热丝平行地绕制在一根空心瓷管上，中间的云母片绝缘，并引出两根导线与220V交流电源连接，

图1-22 电烙铁

如图1-23所示。外热式电烙铁的规格很多，常用的有25W，45W，75W，100W电烙铁等，功率越大，烙铁头的温度也就越高。

2．内热式电烙铁

内热式电烙铁由手柄、连接杆、弹簧夹、烙铁芯、烙铁头等部分组成。由于烙铁芯安装在烙铁头里面，因而发热快，热利用率高，因此称为内热式电烙铁，如图1－24所示。内热式电烙铁的常用规格为20W，50W等几种。由于它的热效率高，20W内热式电烙铁就相当于40W左右的外热式电烙铁。内热式电烙铁的后端是空心的，用于套接在连接杆上，并且用弹簧夹固定。当需要更换烙铁头时，必须先将弹簧夹退出，同时用钳子夹住烙铁头的前端，慢慢地拔出，切记不能用力过猛，以免损坏连接杆。

图1－23　外热式电烙铁　　　　　图1－24　内热式电烙铁

1.4.2　正确使用电烙铁进行焊接

图1－25所示为电烙铁的使用说明图。

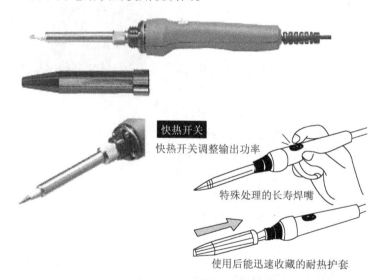

快热开关
快热开关调整输出功率
特殊处理的长寿焊嘴
使用后能迅速收藏的耐热护套

图1－25　电烙铁使用说明图

1．使用要点

（1）选用合适的焊锡。应选用焊接电子元件用的低熔点焊锡丝。

（2）助焊剂。用25%的松香溶解在75%的酒精（重量比）中作为助焊剂。

（3）电烙铁使用前要上锡，具体方法是：将电烙铁烧热，待刚刚能熔化焊锡时，涂上助焊剂，再用焊锡均匀地涂在烙铁头上，使烙铁头均匀地吃上一层锡。

（4）焊接方法：把焊盘和元件的引脚用细砂纸打磨干净，涂上助焊剂。用烙铁头沾取适量焊锡，接触焊点，待焊点上的焊锡全部熔化并浸没元件引线头后，电烙铁头沿着元器件的引脚轻轻往上一提离开焊点。

（5）焊接时间不宜过长，否则容易烫坏元件，必要时可用镊子夹住管脚帮助散热。

（6）焊点应呈正弦波峰形状，表面应光亮圆滑，无锡刺，锡量适中。

（7）焊接完成后，要用酒精把线路板上残余的助焊剂清洗干净，以防炭化后的助焊剂影响电路正常工作。

（8）集成电路应最后焊接，电烙铁要可靠接地，或断电后利用余热焊接。或者使用集成电路专用插座，焊好插座后再把集成电路插上去。

（9）电烙铁应放在烙铁架上。

在机器人装配中，必然会遇到电路和元器件的焊接，焊接的质量对制作的质量影响极大。所以，学习机器人装配技术必须掌握焊接技术。

2. 焊接前处理

图1-26所示为用于焊接的焊丝。

焊接前，应对元器件引脚或电路板的焊接部位进行焊接处理，一般有"刮""镀""测"三个步骤。

（1）刮。

"刮"就是在焊接前做好焊接部位的清洁工作。一般采用的工具是小刀和细砂纸，对集成电路的引脚、印制电路板进行清理，并保持引脚清洁。对于自制的印制电路板，应首先用细砂纸将铜箔表面擦亮，并清理印制电路板上的污垢，再涂上松香酒精溶液、助焊剂或"HP-1"，方可使用。对于镀金银的合金引出线，不能把镀层刮掉，可用橡皮擦去表面脏物。

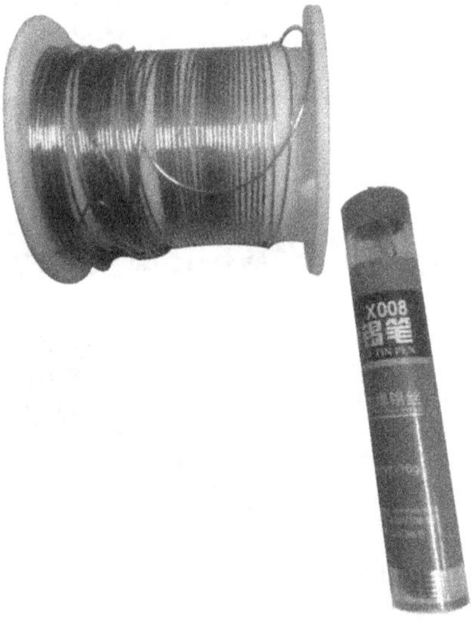

（2）镀。

图1-26 焊丝

"镀"就是在刮净的元器件部位上镀锡。具体做法是蘸松香酒精溶液涂在刮净的元器件焊接部位上，再将带锡的热烙铁头压在其上，并转动元器件，使其均匀地镀上一层很薄的锡层。若是多股金属丝的导线，打光后应先拧在一起，然后再镀锡。

"刮"完的元器件引线上应立即涂上少量的助焊剂，然后用电烙铁在引线上镀一层很薄的锡层，避免其表面重新氧化，以提高元器件的可焊性。

（3）测。

"测"就是在"镀"之后，利用万用表检测所有镀锡的元器件是否质量可靠，若有质量不可靠或已损坏的元器件，应用同规格元器件替换。

3．进行焊接

（1）焊接方法。

不同的焊接对象，其需要的电烙铁工作温度也不相同，如图1-27所示为恒温式电烙铁。判断烙铁头的温度时，可将电烙铁碰触松香（见图1-28），若烙铁碰到松香时有"吱吱"的声音，则说明温度合适；若没有声音，仅能使松香勉强熔化，则说明温度低；若烙铁头一碰上松香就大量冒烟，则说明温度太高。

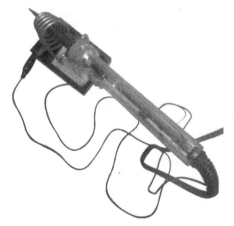

图1-27　恒温式电烙铁

图1-28　松香

一般来讲，焊接的步骤主要有三步：

①烙铁头上先熔化少量的焊锡和松香，将烙铁头和焊锡丝同时对准焊点。

②在烙铁头上的助焊剂尚未挥发完时，将烙铁头和焊锡丝同时接触焊点，开始熔化焊锡。

③当焊锡浸润整个焊点后，同时移开烙铁头和焊锡丝或先移开锡线，待焊点饱满、漂亮之后再离开烙铁头和焊锡丝。

焊接过程一般以2～3s为宜。焊接集成电路时，要严格控制焊料和助焊剂的用量。为了避免因电烙铁绝缘不良或内部发热器对外壳感应电压损坏集成电路，实际应用中常采用拔下电烙铁的电源插头趁热焊接的方法。

（2）焊接质量。

焊接时，应保证每个焊点焊接牢固、接触良好。锡点应光亮、圆滑、无毛刺，锡量适中。锡和被焊物熔合牢固，不应有虚焊和假焊。虚焊是指焊点处只有少量锡焊住，造成接触不良，时通时断。假焊是指表面上好像焊住了，但实际上并没有焊上，有时用手一拔，引线就可以从焊点中拔出。

（3）焊接材料。

对于不易焊接的材料，应采用先镀后焊的方法。例如，对于不易焊接的铝质零件，可先给其表面镀上一层铜或者银，然后再进行焊接。具体做法是：先将一些 $CuSO_4$（硫酸铜）或 $AgNO_3$（硝酸银）加水配制成体积分数为 20% 左右的溶液。再把吸有上述溶液的棉球置于用细砂纸打磨光滑的铝件上面，也可将铝件直接浸于溶液中。由于溶液里的铜离子或银离子与铝发生置换反应，大约 20min 后，在铝件表面便会析出一层薄薄的金属铜或者银。用海绵将铝件上的溶液吸干净，置于灯下烘烤至表面完全干燥。完成以上工作后，在其上涂上有松香的酒精溶液，便可直接焊接。

注意：该法同样适用于铁件及某些不易焊接的合金。溶液用后应盖好并置于阴凉处保存。当溶液浓度随着使用次数的增加而不断下降时，应重新配制。溶液具有一定的腐蚀性，应尽量避免与皮肤或其他物品接触。

1.5　直流稳压电源的认识和使用

1.5.1　认识直流稳压电源

1. 直流稳压电源的分类

直流稳压电源是能为负载提供稳定直流电源的电子装置。直流稳压电源的供电电源大多是交流电源，当交流供电电源的电压或负载电阻发生变化时，稳压器的直流输出电压都会保持稳定。直流稳压电源随着电子设备的发展向高精度、高稳定性和高可靠性的方向发展，对电子设备的供电电源提出了更高的要求，图 1－29 所示为数控精密直流稳压电源实物图。

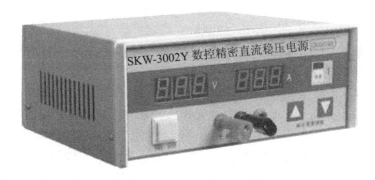

图 1 – 29　数控精密直流稳压电源

直流稳压电源可以分为两类：线性稳压电源和开关型稳压电源。

（1）线性稳压电源。

线性稳压电源有一个共同的特点，就是它的功率器件调整管工作在线性区，靠调整管之间的电压降来稳定输出。由于调整管静态损耗大，需要安装一个很大的散热器给它散热。而且由于变压器工作在工频（50Hz）上，所以重量较大。

该类电源的优点是稳定性高、纹波小、可靠性高、易做成多路输出连续可调的成品。缺点是体积大、较笨重，效率相对较低。

这类稳定电源又有很多种，从输出性质来分，可分为稳压电源和稳流电源及集稳压、稳流于一身的稳压稳流（双稳）电源；从输出值来看，可分为定点输出电源、波段开关调整式电源和电位器连续可调式电源几种；从输出指示上可分为指针指示型电源和数字显示式型电源等。

（2）开关型稳压电源。

与线性稳压电源不同的一类稳压电源就是开关型稳压电源，如图 1 – 30 所示。它的电路形式主要有单端反激式、单端正激式、半桥式、推挽式和全桥式。它和线性电源的根本区别在于其变压器工作在几十千赫兹到几兆赫兹。功能管不是工作在饱和区及截止区即开关状态，开关电源因此而得名。

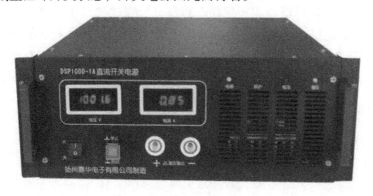

图 1 – 30　开关型稳压电源

开关型电源的优点是体积小、重量轻、稳定可靠。缺点相对于线性电源来说纹波较大（一般≤1% VO（P-P），好的可做到十几 mV（P-P）或更小）。下面就一般习惯分类介绍几种开关电源。

①AC/DC。该类电源也称一次电源，它自电网取得能量，经过高压整流滤波得到一个直流高压，供 AC/DC 变换器在输出端获得一个或几个稳定的直流电压，功率从几瓦到几千瓦均有产品，用于不同场合。属此类产品的规格型号繁多，据用户需要而定的通信电源中的一次电源（AC220 输入、DC48V 或 24V 输出）也属此类。

②DC/DC。在通信系统中也称二次电源，它是由一次电源或直流电池组提供一个直流输入电压，经 DC/DC 变换以后在输出端获一个或几个直流电压。

③通信电源。通信电源实质上就是 DC/DC 变换器式电源，只是它一般以直流-48V 或 -24V 供电，并用后备电池作 DC 供电的备份，将 DC 的供电电压变换成电路的工作电压，一般它又分为中央供电、分层供电和单板供电三种，以后者可靠性最高。

④电台电源。电台电源输入 AC220V/110V，输出 DC 13.8V，功率由所供电台功率而定，几安至几百安均有产品。为防止 AC 电网断电而影响电台工作，需要有电池组作为备份，所以此类电源除输出一个 13.8V 直流电压外，还具有对电池充电的自动转换功能。

⑤模块电源。随着科学技术的飞速发展，对电源可靠性、容量/体积比的要求越来越高，模块电源越来越显示其优越性，它的工作频率高、体积小、可靠性高，便于安装和组合扩容，所以越来越被广泛采用。国内虽有相应模块生产，但因生产工艺未能赶上国际水平，故障率较高。

⑥特种电源。高电压小电流电源、大电流电源、400Hz 输入的 AC/DC 电源等，均归于此类，可根据特殊需要选用。开关电源的价位一般在 2 ~ 8 元/瓦，特殊小功率和大功率电源价格稍高，可达 11 ~ 13 元/瓦。

2. 直流稳压电源的用途

直流稳压电源可广泛应用于国防、科研、大专院校、实验室、工矿企业、电解、电镀、直流电机、充电设备等。可用于各种电子设备老化，如 PCB 板老化、家电老化、各类 IT 产品老化、CCFL 老化、灯管老化；适用于需要自动定时通、断电，自动记周期数的电子元件的老化和测试；电子元器件性能的测试和试验。

1.5.2 正确测量直流稳压电源的电压和电流

直流稳压电源额定电流是由该电源中的如下 5 个方面决定的：
（1）变压器（或者叫做原始电源）的供电能力；
（2）整流元件的允许电流（假如是交流电源作原电源）；
（3）稳压电路中的电流输出管的额定电流大小；

（4）稳压电路中的电流输出管的允许耗散功率；

（5）稳压电路中的电流保护（限制）电路设定值。

1．开机

（1）先将电压调节旋钮旋转到最小位置（一般是逆时针旋转为减小），再将稳流旋钮旋转到最小位置。

（2）将直流稳压电源的电源线插头接到交流电插座上，打开直流稳压电源的开关。

2．调压

（1）旋转稳流旋钮对稳流数值作适当的调节。

（2）旋转稳压旋钮根据需要调节电压，电压值一般不要太大。

3．关机

做完实验后先将全部的稳压、稳流旋钮旋转到最小位置，再关闭稳压电源开关，最后再拆连接电路所用的导线。

4．基本功能

（1）输出电压值能够在额定输出电压值以下任意设定和正常工作。

（2）输出电流的稳流值能在额定输出电流值以下任意设定和正常工作。

（3）直流稳压电源的稳压与稳流状态能够自动转换并有相应的状态指示。

（4）对于输出的电压值和电流值要求精确地显示和识别。

（5）对于输出电压值和电流值有精准要求的直流稳压电源，一般要用多圈电位器和电压电流微调电位器，或者直接数字输入。

（6）要有完善的保护电路。保证直流稳压电源在输出端发生短路及异常工作状态时不被损坏，在异常情况消除后能立即正常工作。

（7）稳压电源的开关不能作为电路开关随意开关。

思考与练习

1．压线钳的用途是什么？

2．剥线钳的作用是什么？

3．如何使用万用表测量电压、电流、电阻？

4．简述使用电烙铁进行焊接的步骤。

5．如何测量直流稳压电源的电压和电流？

第2章 ●

机器人常用电气元件的工作原理

2.1 接近开关

接近开关是一种无需与运动部件进行机械直接接触而可以操作的位置开关，当物体接近开关的感应面到动作距离时，不需要机械接触及施加任何压力即可使开关动作，从而驱动直流电器或给计算机（PLC）装置提供控制指令。接近开关是一种开关型传感器（即无触点开关），它既有行程开关、微动开关的特性，又具有传感性能，且动作可靠、性能稳定、频率响应快、应用寿命长、抗干扰能力强，还具有防水、防震、耐腐蚀等特点。产品有电感式，电容式，霍尔式和交、直流型。

接近开关又称无触点接近开关，是理想的电子开关量传感器。当金属检测体接近开关的感应区域时，开关就能无接触、无压力、无火花地迅速发出电气指令，准确反映出运动机构的位置和行程，即使用于一般的行程控制，其定位精度、操作频率、使用寿命、安装调整的方便性和对恶劣环境的适应能力，是一般机械式行程开关所不能比拟的。它广泛地应用于机床、冶金、化工、轻纺和印刷等行业。在自动控制系统中可用于限位、计数、定位控制和自动保护等环节。

2.1.1 接近开关的外形

接近开关如图 2 - 1 所示。

2.1.2 接近开关的工作原理

1. 霍尔接近开关工作原理简介

当一块通有电流的金属或半导体薄片垂直地放在磁场中时，薄片的两端就会产生电位差，这种现象就称为霍尔效应。两端具有的电位差值称为霍尔电势（U），其表达式为

图 2 – 1　接近开关

$$U = K \cdot I \cdot B/d$$

式中，K 为霍尔系数，I 为薄片中通过的电流，B 为外加磁场（洛伦兹力 Lorrentz）的磁感应强度，d 是薄片的厚度。

由此可见，霍尔效应灵敏度的高低与外加磁场的磁感应强度成正比关系。

霍尔开关就属于这种有源磁电转换器件，它是在霍尔效应原理的基础上，利用集成封装和组装工艺制作而成的，它可方便地把磁输入信号转换成实际应用中的电信号，同时又具备工业场合实际应用中易操作和可靠性的要求。

霍尔开关的输入端是以磁感应强度 B 来表征的，当 B 值达到一定的程度时，霍尔开关内部的触发器翻转，霍尔开关的输出电平状态也随之翻转。输出端一般采用晶体管输出，和其他传感器类似，有 NPN、PNP、常开型、常闭型、锁存型（双极性）、双信号输出之分。

霍尔开关具有无触电、低功耗、长使用寿命、响应频率高等特点，内部采用环氧树脂封灌成一体化，所以能在各类恶劣环境下可靠工作。霍尔开关可应用于接近传感器、压力传感器、里程表等，作为一种新型的电器配件使用。

2. 线性接近传感器的工作原理

线性接近传感器是一种属于金属感应的线性器件，接通电源后，在传感器的感应面将产生一个交变磁场，当金属物体接近此感应面时，金属中产生涡流而吸取了振荡器的能量，使振荡器输出幅度线性衰减，然后根据衰减量的变化来完成无接触检测物体的目的。

该接近传感器具有无滑动触点、工作时不受灰尘等非金属因素影响，并且低功耗、长寿命、可在各种恶劣条件下使用等特点。线性传感器主要应用于自动化装备生产线对模拟量的智能控制。

3. 电感式接近开关的工作原理

电感式接近开关由三大部分组成：振荡器、开关电路及放大输出电路。振荡器产生一个交变磁场。当金属目标接近这一磁场，并达到感应距离时，在金属目标内产生涡流，从而导致振荡衰减，以至停振。振荡器振荡及停振的变化被后级放大电路处理并转换成开关信号，触发驱动控制器件，从而达到非接触式之检测目的。

2.1.3 接近开关的实际测量

（1）动作距离测定。

当动作片由正面靠近接近开关的感应面时，使接近开关动作的距离为接近开关的最大动作距离，测得的数据应在产品的参数范围内。

（2）释放距离的测定。

当动作片由正面离开接近开关的感应面，开关由动作转为释放时，测定动作片离开感应面的最大距离。

（3）回差 H 的测定。

最大动作距离和释放距离之差的绝对值。

（4）动作频率测定。

用调速电机带动胶木圆盘，在圆盘上固定若干钢片，调整开关感应面和动作片间的距离，约为开关动作距离的80%左右。转动圆盘，依次使动作片靠近接近开关，在圆盘主轴上装有测速装置，开关输出信号经整形，接至数字频率计。此时启动电机，逐步提高转速，在转速与动作片的乘积与频率计数相等的条件下，可由频率计直接读出开关的动作频率。

（5）重复精度测定。

将动作片固定在量具上，由开关动作距离的120%以外，从开关感应面正面靠近开关的动作区，运动速度控制在0.1mm/s上。当开关动作时，读出量具上的读数，然后退出动作区，使开关断开。如此重复10次，最后计算出10次测量值的最大值和最小值与10次平均值之差，差值大者为重复精度误差。

2.1.4 接近开关的常见应用

接近开关在航空、航天技术以及工业生产中都有广泛的应用。在日常生活中，如宾馆、饭店、车库的自动门、自动热风机上都有广泛应用。在安全防盗方面，如资料档案、财会、金融、博物馆、金库等重地，通常都装有由各种接近开关组成的防盗装置。在测量技术中，如长度、位置的测量；在控制技术中，如位移、速度、加速度的测量和控制，也都使用着大量的接近开关。

2.2　常见继电器

　　继电器是一种电控制器件，是当输入量（激励量）的变化达到规定要求时，在电气输出电路中使被控量发生预定阶跃变化的一种电器。它具有控制系统（又称输入回路）和被控制系统（又称输出回路）之间的互动关系。通常应用于自动化的控制电路中，它实际上是用小电流去控制大电流运作的一种"自动开关"。故在电路中起着自动调节、安全保护和转换电路等作用。

2.2.1　继电器的外形认识

　　继电器的外形如图2-2所示。

2.2.2　继电器的工作原理

图2-2　继电器实物外观图

　　继电器是当输入量（如电压、电流、温度等）达到规定值时，使被控制的输出电路导通或断开的电器。其结构原理如图2-3所示。它可分为电气量（如电流、电压、频率、功率等）继电器及非电气量（如温度、压力、速度等）继电器两大类。继电器具有动作快、工作稳定、使用寿命长、体积小等优点，广泛应用于电力保护、自动化、运动、遥控、测量和通信等装置中。

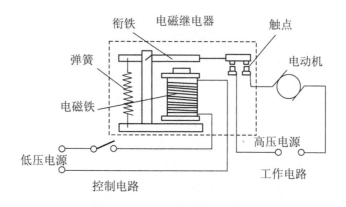

图2-3　继电器结构原理图

2.2.3 继电器的实际测量

（1）交、直流固态继电器的判别。

通常，在直流固态继电器外壳的输入端和输出端旁，均标有" + "" – "符号，并注有"DC 输入""DC 输出"字样。而交流固态继电器只在输入端上标出" + "" – "符号，而输出端无正、负之分。

（2）输入端与输出端的判别。

无标识的固态继电器，万用表 R×10k 档，通过分别测量各引脚的正、反向电阻值来判别输入端与输出端。当测出某两引脚的正向电阻较小、而反向电阻为无穷大时，这两只引脚即为输入端，其余两脚为输出端。而在阻值较小的一次测量中，黑表笔接的是正输入端，红表笔接的是负输入端。若测得某两引脚的正、反向电阻均为 0，则说明该固态继电器已击穿损坏。若测得固态继电器各引脚的正、反向电阻值均为无穷大，则说明该固态继电器已开路损坏。

2.2.4 继电器的常见应用

继电器广泛应用于家电产品，如空调器、彩电、冰箱、洗衣机等；也应用于工业自动化控制和仪表。

2.3 PLC（以台达 PLC 为例）

2.3.1 PLC 的认识

自 20 世纪 60 年代美国推出可编程逻辑控制器（Programmable Logic Controller，PLC）取代传统继电器控制装置以来，PLC 得到了快速的发展，在世界各地得到了广泛应用。同时，PLC 的功能也在不断完善。随着计算机技术、信号处理技术、控制技术与网络技术的不断发展和用户需求的不断提高，PLC 在开关量处理的基础上增加了模拟量处理和运动控制等功能。今天的 PLC 不再局限于逻辑控制，在运动控制、过程控制等领域也发挥着十分重要的作用。

作为离散控制的首选产品，PLC 在 20 世纪 80 年代至 90 年代得到了迅速发展，世界范围内的 PLC 年增长率保持为 20% ～ 30%。随着工厂自动化程度的不断提高和 PLC 市场容量基数的不断扩大，近年来，PLC 在工业发达国家的增长速度放缓。但是，在中国等发展中国家，PLC 的增长十分迅速。综合相关资料，2004 年全球 PLC 的销售收入为 100 亿美元左右，在自动化领域占据着十分重要的位置。

PLC 是由模仿原继电器控制原理发展起来的，20 世纪 70 年代的 PLC 只有开关量逻辑控制，首先应用于汽车制造行业。它以存储执行逻辑运算、顺序控制、定时、计数和运算等操作的指令；并通过数字输入和输出操作，来控制各类机械或生产过程。用户编制的控制程序表达了生产过程的工艺要求，并事先存入 PLC 的用户程序存储器中。运行时按存储程序的内容逐条执行，以完成工艺流程要求的操作。PLC 的 CPU 内有指示程序步存储地址的程序计数器，在程序运行过程中，每执行一步该计数器自动加 1，程序从起始步（步序号为零）起依次执行到最终步（通常为 END 指令），然后再返回起始步循环运算。PLC 每完成一次循环操作所需的时间称为一个扫描周期。不同型号的 PLC，循环扫描周期在 1 微秒到几十微秒之间。PLC 用梯形图编程，在解算逻辑方面，表现出快速的优点，在微秒量级，解算 1K 逻辑程序不到 1ms。它把所有的输入都当成开关量来处理，16 位（也有 32 位的）为一个模拟量。大型 PLC 使用另外一个 CPU 来完成模拟量的运算。把计算结果送给 PLC 的控制器。

相同 I/O 点数的系统，用 PLC 比用 DCS 的成本要低一些（大约能省 40% 左右）。PLC 没有专用操作站，它用的软件和硬件都是通用的，所以维护成本比 DCS 要低很多。一个 PLC 的控制器可以接收几千个 I/O 点（最多可达 8 000 多个 I/O）。如果被控对象主要是设备连锁、回路很少，采用 PLC 较为合适。PLC 由于采用通用监控软件，在设计企业的管理信息系统方面要容易一些。近 10 年来，随着 PLC 价格的不断降低和用户需求的不断扩大，越来越多的中小设备开始采用 PLC 进行控制，PLC 在我国的应用增长十分迅速。随着中国经济的高速发展和基础自动化水平的不断提高，今后一段时期内，PLC 在我国仍将保持高速增长势头。

通用 PLC 应用于专用设备时可以认为它就是一个嵌入式控制器，但 PLC 相对一般嵌入式控制器而言，具有更高的可靠性和更好的稳定性。实际工作中碰到的一些用户原来采用嵌入式控制器，现在正逐步以通用 PLC 或定制 PLC 取代嵌入式控制器。

2.3.2　PLC 输入、输出以及电源接线

以下以台达 PLC 为例，介绍 PLC 的输入、输出以及电源接线。图 2-4 所示为台达 PLC 及通信接口实物图。

通信接口：RS485，RS232

图 2 - 4　台达 PLC 及通信接口

1. 产品介绍

台达 PLC 的输入、输出接口及指示灯实物图如图 2 - 5 所示。

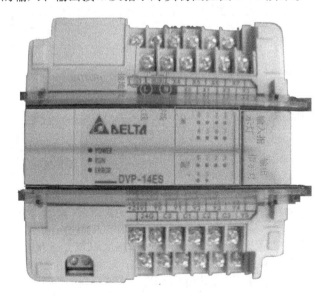

图 2 - 5　台达 PLC 输入、输出接口及指示灯

（1）输入端接口 X0 ～ X7（对应指示灯为 IN 0 ～ 7），公共接线端 S/S，交流电源输入端 L（火线接入端），N（零线接入端）和地线接入端。

（2）输出端接口 Y0 ～ Y5（指示灯对应为 OUT 0 ～ 5），内置电源输出端：

+24V，24G。

　　台达 PLC 的按钮开关导线、数据线、灯泡、开关电源分别如图2－6～图2－9
所示。

图2－6　按钮开关导线

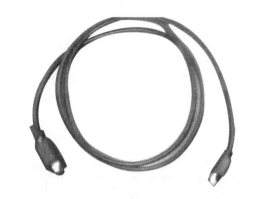

图2－7　数据线

图2－8　灯泡

27

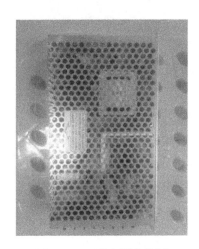

图 2 - 9　开关电源实物图

2．线路连接

（1）输入回路接法。

①用导线将输入端 L，N 及地线接线柱分别与交流电源插座的三个插孔相连，如图 2 - 10 所示。

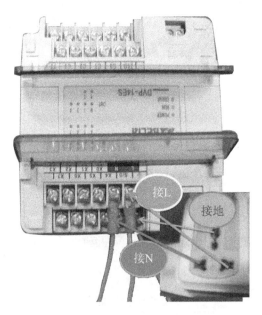

图 2 - 10　台达 PLC 输入回路接法示意图

②从输入公共端 S/S 引出导线和输出端标有 24V 的接线柱相连。如图 2 - 11 所示。

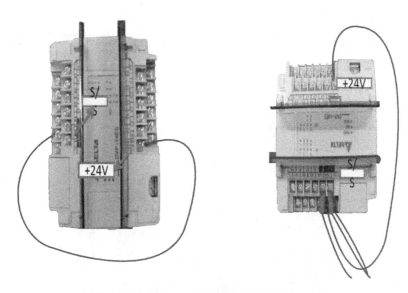

图 2-11 台达 PLC 输入端与输出端接法示意图

③将按钮开关一端连在 PLC 输入端的 X1 接线柱上，另一端连在输出端标有 24G 的接线柱上。如图 2-12 所示。

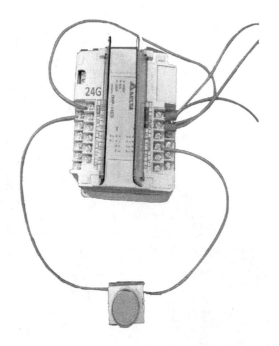

图 2-12 台达 PLC 输入端按钮开关接法示意图

（2）输出回路接线。

①将输出接线端 Y1 与灯泡的一端相连，灯泡的另一端连在变压器的负极上（ -V）。如图 2 - 13 所示。

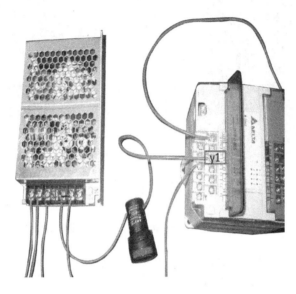

图 2 - 13　台达 PLC 输出回路接法示意图（1）

②用导线把变压器正极（ +V）同 PLC 输出端 C1 接线柱相连；再将变压器的 L，N 和地线柱分别与交流电源火线、零线及地线相连。如图 2 - 14、图 2 - 15 所示。

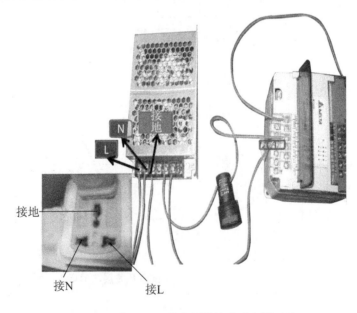

图 2 - 14　台达 PLC 输出回路接法示意图（2）

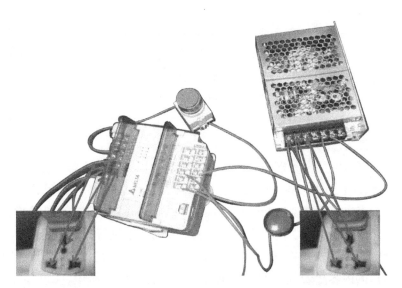

图 2 - 15　台达 PLC 输入输出回路总体接线图

2.3.3　PLC 基本工作原理

可编程控制器有两种基本的工作状态，即运行（RUN）状态与停止（STOP）状态。在运行状态，可编程控制器通过执行反映控制要求的用户程序来实现控制功能。为了使可编程控制器的输出及时地响应随时可能变化的输入信号，用户程序不是只执行一次，而是反复不断地重复执行，直至可编程控制器停机或切换到"STOP"工作状态。

除了执行用户程序之外，在每次循环过程中，一次循环可分为 5 个阶段。可编程控制器的这种周而复始的循环工作方式称为扫描工作方式。由于计算机执行指令的速度极高，从外部输入 - 输出关系来看，处理过程似乎是同时完成的。

在内部处理联合阶段，可编程控制器检查 CPU 模块内部的硬件是否正常，将监控定时器复位，以及完成一些别的内部工作。

在通信服务阶段，可编程控制器与别的带微处理器的智能装置通信，响应编程器键入的命令，更新编程器的显示内容。当可编程控制器处于停止（STOP）状态时，只执行以上的操作。可编程控制器处于（RUN）状时，还要完成另外 3 个阶段的操作。

在可编程控制器的存储器中，设置了一片区域用来存放输入信号和输出信号的状态，它们分别被称为输入映像寄存器和输出映像寄存器。可编程控制器梯形图中别的编程元件也有对应的映像存储区，它们统称为元件映像寄存器。在输入处理阶段，可编程控制器把所有外部输入电路的接通/断开（ON/OFF）状态读入输入寄存器。

外接的输入触点电路接通时，对应的输入映像寄存器为"1"状态，梯形图中对应的输入继电器的常开触点接通，常闭触点断开。外接的输入触点电路断开，对应的输入映像寄存器为"0"状态，梯形图中对应的输入继电器的常开触点断开，常闭触点接通。在程序执行阶段，即使外部输入信号的状态发生了变化，输入映像寄存器的状态也不会随之而变，输入信号变化了的状态只能在下一个扫描周期的输入处理阶段被读入。

可编程控制器的用户程序由若干条指令组成，指令在存储器中按步序号顺序排列。在没有跳转指令时，CPU 从第一条指令开始，逐条顺序地执行用户程序，直到用户程序结束之处。在执行指令时，从输入映像寄存器或别的元件映像寄存器中将有关编程元件的 0/1 状态读出来，并根据指令的要求执行相应的逻辑运算，运算结果写入对应的元件映像寄存器中，因此，各编程元件的映像寄存器（输入映像寄存器除外）的内容随着程序的执行而变化。在输出处理阶段，CPU 将输出映像寄存器的 0/1 状态传送到输出锁存器。梯形图中某一输出继电器的线圈"通电"时，对应的输出映像寄存器为"1"状态。信号经输出模块隔离和功率放大后，继电器型输出模块中对应的硬件继电器线圈通电，其常开触点闭合，使外部负载通电工作。

若梯形图中输出继电器线圈断电，对应的输出映像寄存器为"0"状态，在输出处理阶段后，继电器型输出模块中对应的硬件继电器线圈断电，其常开触点打开，外部负载断电，停止工作。某一编程元件对应的映像寄存器为"1"状态时，称该编程元件为"ON"，映像寄存器为"0"状态时，称该编程元件为"OFF"。

扫描周期可编程控制器在"RUN"工作状态时，执行一次如图 2 - 16 所示的扫描操作所需的时间称为扫描周期，其典型值为 1 ～ 100ms。指令

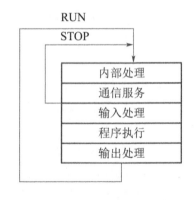

图 2 - 16　PLC 循环扫描示意图

执行所需的时间与用户程序的长短、指令的种类和 CPU 执行指令的速度有很大的关系。当用户程序较长时，指令执行时间在扫描周期中占相当大的比例。不过严格说来，扫描周期还包括自诊断、通信等，如图 2 - 17 所示。

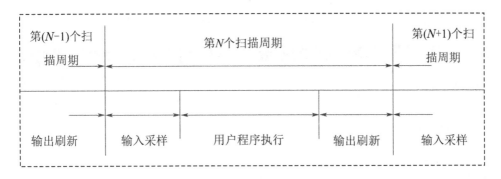

图 2 – 17 PLC 扫描过程示意图

2.3.4 PLC 程序下载及上传

1. 程序下载方法

使用配备好的数据线将电脑和 PLC 连接。

用 PLC 编程软件打开备份程序（即工程→打开工程）。选中需要打开的程序即可。如图 2 – 18 所示。

注意：要选用合适的数据线进行连接通信，不同的数据线连接方式不一样。

进行传输设置（在线→传输设置→以太网板→I/FPC 以太网板详细设置→通信测试→已成功连接）。如图 2 – 19 所示。

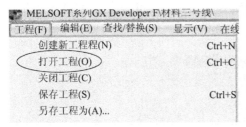

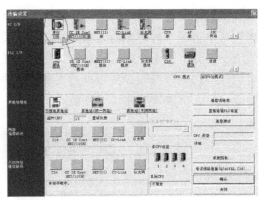

图 2 – 18　PLC 程序下载方法示意图（1）　　图 2 – 19　PLC 程序下载方法示意图（2）

在线对备份程序和设备内的程序进行校验（在线—PLC 校验，双方都勾选程序＋参数）。如图 2 – 20 所示。

如果校验出来的内容备份和设备内部的程序有差异，确认差异程序的正确性，然后再读取程序，将新程序保存。

2. 程序上传方法

类似上述步骤，如果校验出来的内容备份和设备内部的程序有差异的话，确认差异程序的正确性，然后写入程序，将新程序保存。如图 2-21 所示。

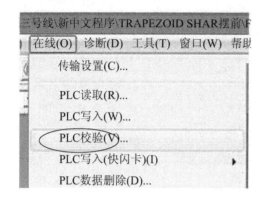
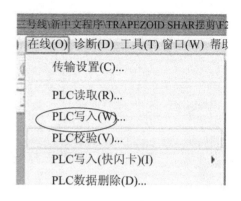

图 2-20　PLC 程序下载方法示意图（3）　　　图 2-21　PLC 程序上传方法示意图

2.4　伺服驱动器与伺服电机

2.4.1　伺服驱动器与伺服电机的认识

伺服驱动器（servo drives）又称为"伺服控制器""伺服放大器"，是用来控制伺服电机的一种控制器，其作用类似于变频器作用于普通交流马达，属于伺服系统的一部分，主要应用于高精度的定位系统。一般通过位置、速度和力矩三种方式对伺服马达进行控制，实现高精度的传动系统定位，是目前传动技术的高端产品。图 2-22 所示为伺服驱动器外观图。

图 2-22　伺服驱动器实物外观图

伺服电机（servo motor）是指在伺服系统中控制机械元件运转的发动机，是一种补助马达间接变速装置。伺服电机可控制速度，位置精度非常高，可以将电压信号转化为转矩和转速以驱动控制对象。伺服电机转子转速受输入信号控制，并能快速反应，在自动控制系统中，用作执行元件，且具有机电时间常数小、线性度高、始动电压等特性，可把所收到的电信号转换成电动机轴上的角位移或角速度输出。

伺服电机分为直流伺服电机和交流伺服电机两大类，其主要特点是：当信号电压为零时无自转现象，转速随着转矩的增加而匀速下降。图 2-23 为伺服电机示意图。

图 2-23 伺服电机示意图

2.4.2 伺服驱动器 CN1 端子的含义

伺服驱动器 CN1 端子即反馈信号端子各端口的含义如表 2-1 所示。

表 2-1 CN1 端子

端子号	信号名称	端子记号			颜色	功　能
		记号	I/O	方式		
CN1-5 CN1-6 CN1-17 CN1-18	5V 电源	+5V				伺服电机光电编码器用 +5V 电源；电缆长度较长时，应使用多根芯线并联，减小线路压降
CN1-1 CN1-2 CN1-3 CN1-4 CN1-16	电源公共地	0V				

端子号	信号名称	端子记号			颜色	功　能
		记号	I/O	方式		
CN1－24	编码器 A＋输入	A＋		Type4		与伺服电机光电编码器 A＋相连接
CN1－12	编码器 A－输入	A－				与伺服电机光电编码器 A－相连接
CN1－23	编码器 B＋输入	B＋		Type4		与伺服电机光电编码器 B＋相连接
CN1－11	编码器 B－输入	B－				与伺服电机光电编码器 B－相连接
CN1－22	编码器 Z＋输入	Z＋		Type4		与伺服电机光电编码器 Z＋相连接
CN1－10	编码器 Z－输入	Z－				与伺服电机光电编码器 Z－相连接
CN1－21	编码器 U＋输入	U＋		Type4		与伺服电机光电编码器 U＋相连接
CN1－9	编码器 U－输入	U－				与伺服电机光电编码器 U－相连接
CN1－20	编码器 V＋输入	V＋		Type4		与伺服电机光电编码器 V＋相连接
CN1－8	编码器 V－输入	V－				与伺服电机光电编码器 V－相连接
CN1－19	编码器 W＋输入	W＋		Type4		与伺服电机光电编码器 W＋相连接
CN1－7	编码器 W－输入	W－		Type4		与伺服电机光电编码器 W－相连接

2.4.3　伺服驱动器 CN2 端子的含义

伺服驱动器 CN2 端子即控制信号输入/输出端子。其控制方式中，P 代表位置控制方式；S 代表模拟量速度控制方式。如表 2－2 所示。

表 2 - 2　CN2 端子

端子号	信号名称	端子记号			功　能
		记号	I/O	方式	
CN2 - 8	输入端子的电源正极	COM +	Type1		输入端子的电源正极： 用来驱动输入端子的光电耦合器 DC12 ～ 24V，电流 ≥ 100 mA
CN2 - 20	指令脉冲禁止	TNH	Type1	P	位置指令脉冲禁止输入端子； INH ON：指令脉冲输入禁止； INH OFF：据令脉冲输入有效
CN2 - 21	伺服使能	SON	Type1	P, S	伺服使能输入端子： SON ON：允许驱动器工作； SON OFF：驱动器关闭，停止工作； 电机处于自由状态。 注1：当从 SON OFF 打到 SON ON 前，电机必须是静止的； 注2：打到 SON ON 后，至少等待 5ms 再输入命令； 注3：如果用 PA27 打开内部势能，则 SON 信号不检测
CN2 - 17	编码器 A 相信号	AOUT +	Type5	P, S	1. 编码器 A，B，Z 信号差分驱动输出（26LS31 输出，相当于 RS422）； 2. 非隔离输出（非绝缘）
CN2 - 16		AOUT -			
CN2 - 22	编码器 B 相信号	BOUT +	Type5	P, S	
CN2 - 10		BOUT -		P, S	
CN2 - 24	编码器 Z 相信号	ZOUT +	Type5	P, S	
CN2 - 11		ZOUT -		P, S	
CN2 - 9	报警消除	ALRS	Type1	P, S	报警清除输入端子： ALRS ON：清除系统报警； ALRS OFF：保持系统报警
CN2 - 23	偏差计数器清零	CLE	Type1	P	位置偏差计数器清零输入端子： CLE ON：位置控制时，位置偏差计数器清零

续表

端子号	信号名称	端子记号			功　能
		记号	I/O	方式	
CN2 – 12	模拟量 输入端	Vin	Type4	S	外部模拟速度指令输入端子： 单端方式，输入阻抗 10kΩ，输入 范围 –10V ～ +10V
CN2 – 13	模拟量输入地	Vingnd			模拟输入的地线
CN2 – 1	伺服准 备好输出	SRDY	Type2	P，S	伺服准备好输出端子： SRDY ON：控制电源和主电源正 常，驱动器没有报警，伺服准备好输 出 ON

2.4.4　伺服驱动器 CN3 端子的含义

伺服驱动器 CN3 端子即通信端口信号接线，如表 2 – 3 所示。

表 2 – 3　CN3 端子

Pin No	信号名称	端子记号	功能、说明
1	信号接地	GND	+5V 与信号端接地
2	RS – 232 数据传送	RS – 232_ TX	驱动器端数据传送； 连接至 PC 的 RS – 232 接收端
3	—	—	保留
4	RS – 232 数据接收	RS – 232_ RX	驱动器端数据接收； 连接至 PC 的 RS – 232 传送端
5	RS – 485 数据传送	RS – 485（＋）	驱动器端数据传送差动 ＋ 端
6	RS – 485 数据传送	RS – 485（－）	驱动器端数据传送差动 － 端

伺服驱动器 CN3 端子各端口分布如图 2 – 24 所示。

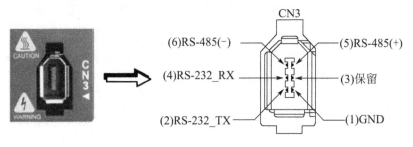

CN3连接器(母)

图 2 – 24　CN3 接线端子外观示意图

驱动器透过通信连接器与电脑相连，使用者可利用 MODBUS 通信结合组合语言来操作驱动器或 PLC 和 HMI。我们提供两种常用通信接口：①RS－232；②RS－485。RS－232 较为常用，通信距离大约 15m。若选择使用 RS－485，可达较远的传输距离，且支援多组驱动器同时联机。如图 2－25 所示。

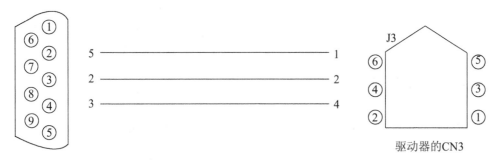

图 2－25　CN3 通信端口与个人电脑的连接方式示意图

2.4.5　伺服驱动器与伺服电机的端子连接

伺服驱动器与伺服电机的接线方法如表 2－4 所示。

表 2－4　伺服驱动器与伺服电机的接线

端子记号	名　称	说　明		
L1c，L2c	控制回路电源输入端	连接单相交流电源（根据产品型号，选择适当的电压规格）		
R，S，T	主回路电源输入端	连接三相交流电源（根据产品型号，选择适当的电压规格）		
U，V，W，FG	电机连接线	连接至电机		
		端子记号	线色	说明
		U	红	电机三相主电源电力线
		V	白	
		W	黑	
		FG	绿	连接至驱动器的接地处 ⏚

端子记号	名　称	说　明	
P⊕, D, C⊖	回生电阻端子或是刹车单元或是 P⊕、P⊖接点	使用内部电阻	P⊕、D 端短路，P⊕、C 端开路
		使用外部电阻	电阻接于 P⊕、C 两端，且 P⊕、D 端开路
		使用外部刹车单元	电阻接于 P⊕、⊖ 两端，且 P⊕、D 与 P⊕、C 开路（N 端内建于 L1c, L2c、⊖、R、S、T）；P⊕：连接 V_ BUS 电压的正端；P⊖：连接 V_ BUS 电压的负端

接线时必须特别注意的事项：

（1）当电源切断时，因为驱动器内部大电容含有大量的电荷，请不要接触 R，S，T 及 U，V，W 这 6 条大电力线。须等待充电灯熄灭时，方可接触。

（2）R，S，T 及 U，V，W 这 6 条大电力线不要与其他信号线靠近，尽可能间隔 30cm（11.8inch）以上。

如果编码器 CN2 连线需要加长时，须使用双绞屏蔽接地的信号线。请不要超过 20m（65.62feet）；如果要超过 20m，请使用线径大一倍的信号线，以确保信号不会衰减太多。

2.4.6　伺服驱动器 CN1 常见端子与 PLC 的连接

伺服驱动器 CN1 常见端子与 PLC 的连接如图 2-26～图 2-29 所示。

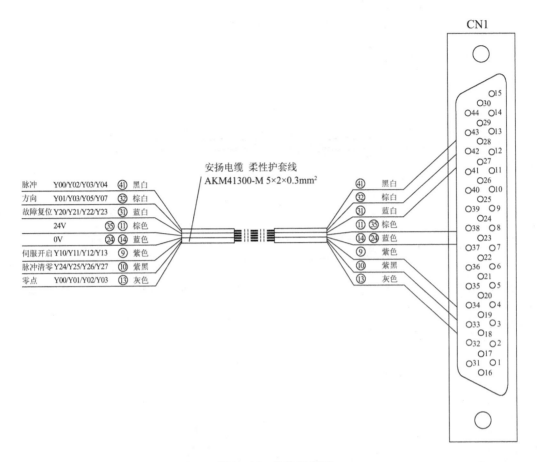

图 2-26 总体示意图

脉冲	Y00/Y02/Y03/Y04	㊶	黑白
方向	Y01/Y03/Y05/Y07	㊲	棕白
故障复位	Y20/Y21/Y22/Y23	㉛	蓝白
24V		㉟⑪	棕色
0V		㉔⑭	蓝色
伺服开启	Y10/Y11/Y12/Y13	⑨	紫色
脉冲清零	Y24/Y25/Y26/Y27	⑩	紫黑
零点	Y00/Y01/Y02/Y03	⑬	灰色

图 2-27 PLC 端接线示意图

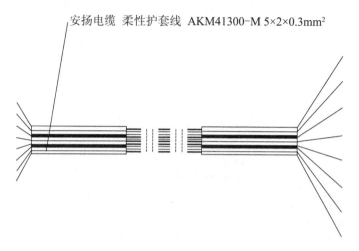

安扬电缆 柔性护套线 AKM41300-M 5×2×0.3mm²

图 2 - 28　外观示意图

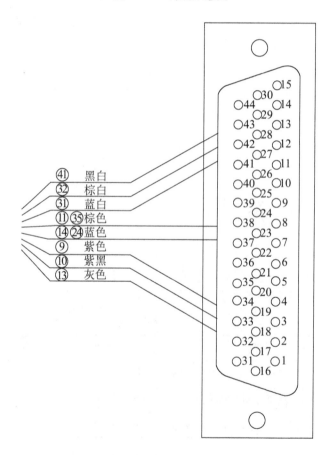

㊶　黑白
㉜　棕白
㉛　蓝白
⑪㉟　棕色
⑭㉔　蓝色
⑨　　紫色
⑩　　紫黑
⑬　　灰色

图 2 - 29　伺服控制器端示意图

2.4.7 如何设置参数

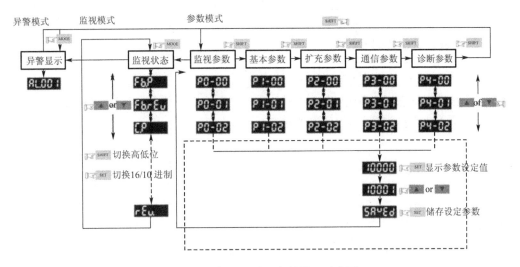

图 2 - 30 伺服驱动器参数设置示意图

伺服驱动器参数设置如图 2 - 30 所示，详细步骤如下：

（1）驱动器电源接通后，显示器会先持续显示监视变数符号约 1s，然后才进入监控模式。

（2）按 MODE 键可切换参数模式→监视模式→异常模式，若无异常发生则略过异常模式。

（3）当有新的异常发生时，无论任何模式都会马上切到异常显示模式下，按下 MODE 键可切换到其他模式，当连续 20s 没有任何键被按下，则会自动切换回异常模式。

（4）在监视模式下，若按下 UP 或 DOWN 键可切换监视变数。此时监视变数符号会持续显示约 1s。

（5）在参数模式下，按下 SHIFT 键时可切换群组码。UP/DOWN 键可变更后二汉字参数码。

（6）在参数模式下，按下 SET 键，系统立即进入编辑设定模式。显示器会同时显示此参数对应的设定值，此时可利用 UP/DOWN 键修改参数值，或按下 MODE 键脱离编辑设定模式并回到参数模式。

（7）在编辑设定模式下，可按下 SHIFT 键使闪烁汉字左移，再利用 UP/DOWN 快速修正较高的设定汉字值。

（8）设定值修正完毕后，按下 SET 键，即可进行参数储存或执行命令。

（9）完成参数设定后，显示器会显示结束代码「SAVED」，并自动回复到参数模式。

思考与练习

1. 简述接近开关的工作原理。
2. 继电器有哪些类型？
3. 简述 PLC 的工作原理和接线。
4. 伺服驱动器各端子的含义是什么？
5. 简述伺服驱动器参数的设置步骤。

第3章

线路设计图的理解和接线

3.1 机械手运行的动作过程

3.1.1 机械手介绍

工业机械手控制系统一般包括主控板、转接板、显示器、控制按键、配套电源等部分。如图3-1所示为四轴机械手实物图。

图3-1 四轴机械手

工业机械手是工业生产发展过程中的必然产物。它是一种模仿人体上肢的部分功能，按照预定要求输送工件或握持工具进行操作的自动化技术装备。这种技术装备的出现和应用，对实现工业生产自动化、推动工业生产的进一步发展起着重要作用，因而具有强大的生命力，受到人们的广泛重视和欢迎。

工业生产上应用的机械手，由于使用场合和工作要求的不同，其结构型式亦各不相同，技术复杂程度也有很大差别。但它们都有类似人的手臂、手腕和手的部分动作及功能；一般都能按预定程序自动、重复循环地进行工作。此外，还有些非自动化的装备，具有与人体上肢类似的部分动作，结构上与工业机械手是一致的，亦可归属于工业机械手的范畴。例如，早期就有一种由人直接用绳索牵引进行操作的随动机械手和近期发展起来的由人工进行操纵的机械手（如平衡吊），以及一些利用按钮控制或遥控的非全自动单循环机械手等。

机械手的总体设计要进行全面综合考虑，尽可能使之做到结构简单、紧凑，容易操作，安全可靠，安装维修方便，经济性好。机械手在工业生产中的应用几乎遍及各行各业。归纳起来，大致有如下几个方面：

1. 单机实现自动化

生产上出现的许多高效专用加工设备（如各种专用机床等），如果工件的装卸等辅助作业继续由人工操作，不仅会增加工人的劳动强度，同时亦不能充分发挥专用设备的效能，必然会影响劳动生产率的提高。若采用机械手代替人工上、下料，则可改变上述不相适应的情况，实现单机自动化生产，并为实现多机床看管提供条件。如自动机床及其上、下料机械手，冲压机械手，注塑机及其取料机械手等。

2. 组成自动生产线

在单机自动化的基础上，若采用机械手自动装卸和输送工件，可使一些单机连接成自动生产线。目前在轴类和盘类工件的生产线上，采用机械手来实现自动化生产尤为广泛。如轴类加工自动生产线及其上、下料机械手，盘类加工自动生产线及其机械手，齿轮加工机床的上、下料机械手等。

3. 高温作业自动化

在高温环境下作业（如热处理、铸造和锻造等），工人的劳动强度大，劳动条件差，采用机械手操作更具有现实意义。如汽车钢板弹簧淬火机械手、压铸机用浇铸机械手等。

4. 操作工具

用机械手握持工具，在高温、粉尘及有害气体环境下进行自动化操作，可以使人脱离恶劣的劳动条件，并减轻劳动强度，提高劳动生产率和保证产品质量。如汽车车身等薄钢板的点焊工艺、自动喷漆或自动喷丸清砂工作等。

5. 进行特殊作业

在现代科学技术中，原子能的应用、海底资源的开发、星际探索等都已为人们所熟悉。但放射性辐射，或海底、宇宙等环境，常常是人体不能直接接触或难以接近的，采用遥控机械手代替人类进行作业，既能完成这些特殊作业，又能长时间安全地进行工作，成为人类向新的自然领域进军的一种有效手段。

实践证明，工业机械手可以代替人手的繁重劳动，显著减轻工人的劳动强度，改善劳动条件，提高劳动生产率和生产自动化水平。工业生产中经常出现的笨重工件的搬运和长期、频繁、单调的操作，采用机械手是有效的。此外，它能在高温、低温、深水、宇宙、放射性和其他有毒、污染环境条件下进行操作，更显示出其优越性，有着广阔的发展前途。

总之，工业机械手的应用在工业生产中是多方面的，为了使机械手能发挥更多的作用，还应注意发展其他的辅助设备与之配合。随着机械手技术的进一步提高，它的适应性将会更强，应用面也将更广。

3.1.2　机械手的控制要求

机械手的设备参数及各轴运动范围分别如表 3－1、表 3－2 所示。

表 3－1　机械手的设备参数

产品型号	YDRB3－C
电源	2kW
总功率	AC 220
用途	上下料、搬运
轴数	4
最大负载	3kg
重复定位精度	±0.08mm
环境温度	5～45℃
相对湿度	≤90°
安装方式	落地式
本体重量	200kg
本体尺寸	860mm×700mm×2 000mm

表 3－2　机械手各轴运动范围

产品型号	YDRB3－C
J1 上下行程	650mm
J2 轴摆动范围	0～180°
J3 轴活动半径	680≤手臂≤1 250
J4 轴旋转范围	0～360°

机械手是能模仿人手和臂的某些动作功能，用以按固定程序抓取、搬运物件或

操作工具的自动操作装置。它可代替人的繁重劳动以实现生产的机械化和自动化，能在有害环境下操作以保护人身安全，因而广泛应用于机械制造、冶金、电子、轻工和原子能等部门。

机械手主要由手部和运动机构组成。手部是用来抓持工件的部件，根据被抓持物件的形状、尺寸、重量、材料和作业要求而有多种结构形式，如夹持型、托持型和吸附型等。运动机构使手部完成各种转动（摆动）、移动或复合运动来实现规定的动作，改变被抓持物件的位置和姿势。运动机构的升降、伸缩、旋转等独立运动方式，称为机械手的自由度。为了抓取空间中任意位置和方位的物体，需有 6 个自由度。自由度是机械手设计的关键参数。自由度越多，机械手的灵活性越大，通用性越广，其结构也越复杂。一般专用机械手有 2 ～ 3 个自由度。

机械手控制显示屏界面介绍：

（1）用户管理：由管理人员输入编号及密码后才能启动机械手。

（2）主页面：有启动、暂停、停止、复位 4 项选择方式来控制机械手的启停。

（3）报警记录：当机械手运作过程中发生异常时，系统会发生报警并留档记录。

（4）偏移距离：机械手偏移距离的大小由此界面设定，需管理人员输入密码方能设定。

（5）参数设置：机械手动作相关参数由此设定。

（6）手动界面：有伸缩控制、摆动控制、伺服控制、手动控制 4 种控制方式。

（7）拖动示教：需管理人员输入相关账号密码方可使用该功能，分别有取料、放料过程示教。

（8）测试模式：有老化模式、多台联动配置两种测试模式。

（9）退出菜单：退出操作界面，返回主页面。

3.2 熟悉电气元件符号

工业机器人的电气元件符号如表 3 - 3 所示。

表 3 - 3　电气元件符号表

名称	图形符号	文字符号	名称	图形符号	文字符号
电流		A	电流表	—Ⓐ—	
电压		V	电压表	—Ⓥ—	
交流		AC	千瓦时表或瓦千时表	kWh	

续表

名称	图形符号	文字符号	名称	图形符号	文字符号
直流		DC	灯		H
断开		OFF	话筒		BM
闭合		ON	扬声器		BL
电阻器		R	耳塞机		B
电位器		RP	继电器		J，K
热敏电阻器		RT	电池 电池组		GB
电容器		C	导线连接		
极性电容器		C	导线交叉连接		
可变电容器		C	导线不连接		
线圈		L	开关		K
半导体二极管		VD	天线		
光电二极管		VD	接地		地
发光二极管		VD	接机壳		
三极管（NPN 型）		V	变压器		T
三极管（PNP 型）		V	磁棒线圈		L
熔断器			日光灯		
插座			启辉器		

3.3 PLC 的输入信号

PLC 控制电路输入接线图如图 3－2 所示。

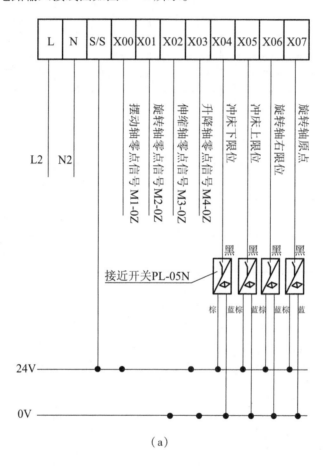

（a）

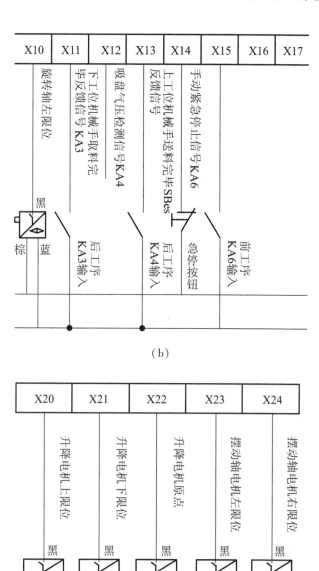

X10	X11	X12	X13	X14	X15	X16	X17
旋转轴左限位	下工位机械手取料完毕反馈信号KA3	吸盘气压检测信号KA4	上工位机械手送料完毕反馈信号SBes	手动紧急停止信号KA6			
	后工序KA3输入		后工序KA4输入	急停按钮	前工序KA6输入		

（b）

X20	X21	X22	X23	X24
升降电机上限位	升降电机下限位	升降电机原点	摆动轴电机左限位	摆动轴电机右限位

（c）

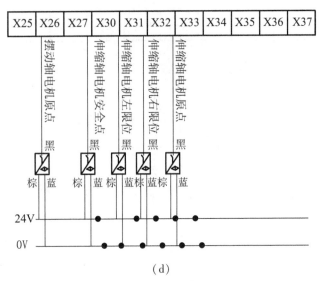

（d）

图 3 - 2 PLC 控制电路输入接线图

注意:

（1）PLC 的控制线用黄色 0.5mm^2 线;

（2）接近开关与快速接头线时,棕色—红色,黑色—黑色,蓝色—黄色。

PLC 控制电路的输入接线说明如表 3 - 4 所示。

表 3 - 4　PLC 控制电路输入接线说明

输入端子	接入位置
L（照明电源）	L2（伺服驱动电源）
N	N2
S/S	24V
X00（摆动轴零点）	M1 - OZ
X01（旋转轴零点）	M2 - OZ
X02（伸缩轴零点）	M3 - OZ
X03（升降轴零点）	M4 - OZ
X04（冲床下限位）	PL - 05N（接近开关）
X05（冲床上限位）	PL - 05N（接近开关）
X06（旋转轴右限位）	PL - 05N（接近开关）
X07（旋转轴原点）	PL - 05N（接近开关）
X10（旋转轴左限位）	PL - 05N（接近开关）

输入端子	接入位置
X11（下工位机械手取料完毕反馈信号）	KA3
X12（吸盘气压检测信号）	KA4
X13（上工位机械手取料完毕反馈信号）	SBes
X14（手动紧急停止信号）	KA6
X15	
X16	
X17	
X20（升降电机上限位）	PL－05N（接近开关）
X21（升降电机下限位）	PL－05N（接近开关）
X22（升降电机原点）	PL－05N（接近开关）
X23（摆动轴电机左限位）	PL－05N（接近开关）
X24（摆动轴电机右限位）	PL－05N（接近开关）
X25（摆动轴电机原点）	PL－05N（接近开关）
X26	
X27（伸缩轴电机安全点）	PL－05N（接近开关）
X30（伸缩轴电机左限位）	PL－05N（接近开关）
X31（伸缩轴电机右限位）	PL－05N（接近开关）
X32（伸缩轴电机原点）	PL－05N（接近开关）
X33	
X34	
X35	
X36（急停指示灯）	
X37（运行指示灯）	

3.4　PLC 的输出信号

PLC 控制电路输出接线图如图 3-3 所示。

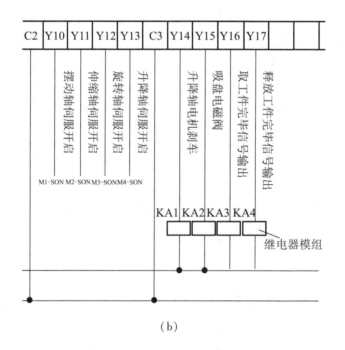

C0	Y00	Y01	Y02	Y03	C1	Y04	Y05	Y06	Y07
	摆动轴电机脉冲	摆动轴电机方向	伸缩轴电机脉冲	伸缩轴电机方向		旋转轴电机脉冲	旋转轴电机方向	升降轴电机脉冲	升降轴电机方向
	/Pluse M1	/SING M1	/Pluse M2	/SING M2		/Pluse M3	/SING M3	/Pluse M4	/SING M4

24V

0V

（a）

C2	Y10	Y11	Y12	Y13	C3	Y14	Y15	Y16	Y17		
	摆动轴伺服开启	伸缩轴伺服开启	旋转轴伺服开启	升降轴伺服开启		升降轴电机刹车	吸盘电磁阀	取工作完毕信号输出	释放工作完毕信号输出		
	M1-SON	M2-SON	M3-SON	M4-SON							

KA1 KA2 KA3 KA4

继电器模组

（b）

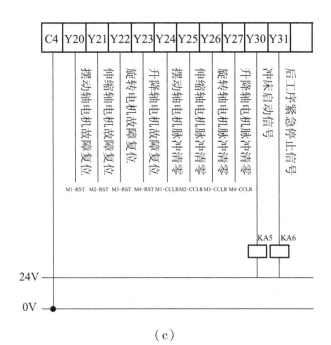

（c）

图3-3 PLC控制电路输出接线图

注意：A1 ～ KA5 采用继电模式，KA6 采用中间继电器。

PLC 控制电路的输出接线说明如表 3 –5 所示。

表3-5 PLC控制电路输出接线说明

输出端子	接入位置
C0	0V
Y00（摆动轴电机脉冲）	Pluse M1
Y01（摆动轴电机方向）	SING M1
Y02（伸缩轴电机脉冲）	Pluse M2
Y03（伸缩轴电机方向）	SING M2
C1	0V
Y04（旋转轴电机脉冲）	Pluse M3
Y05（旋转轴电机方向）	SING M3
Y06（升降轴电机脉冲）	Pluse M4
Y07（升降轴电机方向）	SING M4
C2	0V
Y10（摆动轴伺服开启）	M1 – SON

续表

输出端子	接入位置
Y11（伸缩轴伺服开启）	M2 – SON
Y12（旋转轴伺服开启）	M3 – SON
Y13（升降轴伺服开启）	M4 – SON
C3	0V
Y14（升降轴电机刹车）	KA1（继电器模组）
Y15（吸盘电磁阀）	KA2（继电器模组）
Y16（取工件完毕后信号输出）	KA3（继电器模组）
Y17（释放工件完毕信号输出）	KA4（继电器模组）
C4	0V
Y20（摆动轴电机故障复位）	M1 – RST

思考与练习

1. 简述机械手运行的动作过程。
2. 继电器的图形符号和文字符号是什么？
3. 熔断器的图形符号和文字符号是什么？
4. PLC 的输入信号有哪些？
5. PLC 的输出信号有哪些？

第4章

电柜的设计与安装

4.1　电柜的设计原则

将伺服驱动器、可编程控制器、滤波器等电气元件集成到电柜中，使各电气元件与机械手本体实现分离，这是针对以电气元件与机械手本体为一体的初代产品在运输过程中，接线掉落、元件容易在运输中损坏、卸载后又要重新安装的问题而改良的。使用过程中，只需将电柜和机械手本体分别运输，到达目的地后可直接将电柜与机械手连线，无须重新安装。

电柜可完成对被控对象的集中操作和监视，提高了自动化程度，同时可以将被控对象的运行状态等信息上传至控制中心。

安装上刀开关 QS，使它在整个电源的通断中起到控制作用。

采用自复式熔断器对电路有限流的作用，其优点是当故障消除后，能迅速复原，能多次使用。

电柜的设计采用低压断路器，起到了闸开关、熔断器、热继电器和欠压继电器的组合作用，是一种能自动切断电路故障的保护电路。

4.2　电气元件在电柜中的摆放设计

电气元件在电柜中的摆放设计应满足以下要求：

1. 机械结构方面的要求

外部接插件、显示器件等安放位置应整齐，特别是板上各种不同的接插件需从机箱后部直接伸出时，更应从三维角度考虑器件的安放位置。板内部接插件放置上应考虑总装时机箱内线束的美观。

2. 散热方面的要求

板上有发热较多的器件时应考虑加散热器甚至风机，并与周围电解电容、晶振等怕热元器件隔开一定距离；竖放的板子应把发热元器件放置在板的最上面，双面放元器件时底层不得放发热元器件。

3．电磁干扰方面的要求

元器件在电路板上排列的位置要充分考虑抗电磁干扰问题。

4．布线方面的要求

在元器件布局时，必须全局考虑电路板上元器件的布线，一般的原则是布线最短，应将有连线的元器件尽量放置在一起。

4.3　电柜划线打孔

电柜孔的口径和数量应按所穿线的数量和防水接头的型号来确定。例如 PG29（压缩型电缆护罩和锁定螺母，由尼龙模制而成）开孔口径约为 37mm。

穿线孔的位置：孔中心到电柜后板的距离为 50mm，开孔孔距为 70mm。可根据需开孔的数量和电柜尺寸做适当调整。

用铅笔在电柜上标出位置，再选用合适的扩孔器在电柜上打孔，打孔完毕后用锉刀将毛刺修理干净。将电柜内外的铁屑清理干净。图 4－1 ～ 图 4－3 分别为电柜门打孔、电柜内部打孔、电柜散热器打孔示意图。

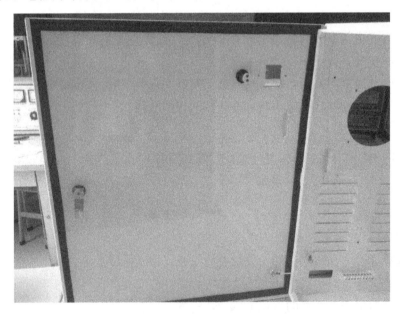

图 4－1　电柜门打孔

图 4 - 2 电柜内部打孔

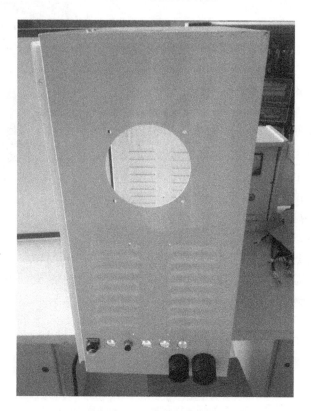

图 4 - 3 电柜散热器打孔

4.4 安装伺服驱动器

伺服驱动器（见图4-4）安装的环境对驱动器正常功能的发挥及其使用寿命有直接的影响，因此驱动器的安装环境必须符合下列条件：

周围温度：0～+5℃；

周围温度：90%RH以下（不结霜条件下）；

保存温度：-20～+85℃；

保存温度：90%RH以下（不结霜条件下）；

振动：0.5G以下；

防止雨水滴淋或潮湿环境；

避免直接日晒；

防止油雾、盐分侵蚀；

防止腐蚀性液体、瓦斯；

防止粉尘、棉絮及金属细屑侵入；

远离放射性物质及可燃物。

数台驱动器安装于控制盘内时，请注意摆放位置需要保留足够的空间，以取得充分的空气，有助于散热（见图4-5）；另外加配置散热风扇，以使伺服驱动器周围温度低于55℃为原则。安装时请将驱动器采用垂直站立式，正面朝前、顶部朝上以利散热。组装时应注意避免钻孔时留下的铁屑及其他异物掉落驱动器内。安装时请确认以M5螺丝固定。附近有振动源时（冲床），若无法避免，应加装振动吸收器或加装防振橡胶垫片。

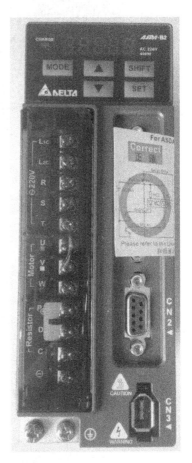

图4-4 伺服驱动器

驱动器附近有大型磁性开关、熔接机等噪声干扰源时，容易使驱动器受外界干扰造成误动作，此时需加装噪声滤波器。但噪声滤波器会增加漏电现象，因此需在驱动器的输入端装上绝缘变压器。如图4-6所示为伺服驱动器的安装电源。

图4-5 伺服驱动器在电柜中的摆放

图4-6 伺服驱动器的安装电源

4.5 安装 PLC

可编程控制器（PLC）是一种新型的通用自动化控制装置，它将传统的继电器控制技术、计算机技术和通信技术融为一体，具有控制功能强、可靠性高、使用灵活方便、易于扩展等优点，应用越来越广泛。但在使用时，由于工业生产现场的工作环境恶劣、干扰源众多，如大功率用电设备的起动或停止引起电网电压的波动形成低频干扰，电焊机、电火花加工机床、电机的电刷等通过电磁耦合产生的工频干扰等，都会影响可编程控制器的正常工作。尽管 PLC 是专门在现场使用的控制装置，在设计制造时已采取了很多措施，使它对工业环境比较适应，但是为了确保整个系统稳定可靠，还是应当尽量使可编程控制器有良好的工作环境条件，并采取必要的抗干扰措施。

可编程控制器适用于大多数工业现场，但它对使用场合、环境温度等还是有一定要求的。控制可编程控制器的工作环境，可以有效地提高它的工作效率和使用寿命。

在安装 PLC 时，要避开下列场所：

（1）环境温度超过 $0 \sim 50℃$ 的范围。

（2）相对湿度超过 85% 或者存在露水凝聚（由温度突变或其他因素所引起的）。

（3）太阳光直接照射。

（4）有腐蚀和易燃的气体，例如氯化氢、硫化氢等。

（5）有大量铁屑及灰尘。

（6）频繁或连续的振动，振动频率为 $10 \sim 55Hz$、幅度为 $0.5mm$（峰－峰）。

（7）超过 10g（重力加速度）的冲击。

小型可编程控制器外壳的 4 个角上均有安装孔，有两种安装方法：一是用螺钉固定，不同的单元有不同的安装尺寸；另一种是 DIN（德国共和标准）轨道固定。DIN 轨道配套使用的安装夹板，左右各一对。在轨道上，先装好左右夹板，装上 PLC，然后拧紧螺钉。为了使控制系统工作可靠，通常把可编程控制器安装在有保护外壳的控制柜中，以防止灰尘、油污、水溅。

为了保证可编程控制器在工作状态下其温度保持在规定环境温度范围内，安装机器应有足够的通风空间，基本单元和扩展单元之间要有 30mm 以上间隔。如果周围环境温度超过 55℃，要安装电风扇，强迫通风。为了避免其他外围设备的电干扰，可编程控制器应尽可能远离高压电源线和高压设备，可编程控制器与高压设备和电源线之间应留出至少 200mm 的距离。

当可编程控制器垂直安装时，要严防导线头、铁屑等从通风窗掉入可编程控制器内部，造成印刷电路板短路，使其不能正常工作甚至永久损坏。

PLC 在电柜中的摆放和安装如图 4 - 7 所示。

(1)

(2)

图 4 - 7　PCL 在电柜中的摆放和安装

4.5.1　电源接线

PLC 供电电源为 50Hz，220V ± 10% 的交流电。FX 系列可编程控制器有直流 24V 输出接线端。该接线端可为输入传感（如光电开关或接近开关）提供直流 24V 电源。如果电源发生故障，中断时间少于 10ms，PLC 工作不受影响。若电源中断超过 10ms 或电源下降超过允许值，则 PLC 停止工作，所有的输出点均同时断开。当电源恢复时，若 "RUN" 输入接通，则操作自动进行。对于来自电源线的干扰，

PLC 本身具有足够的抵制能力。如果电源干扰特别严重，可以安装一个变比为 1：1 的隔离变压器，以减少设备与地之间的干扰。

4.5.2 接地

良好的接地是保证 PLC 可靠工作的重要条件，可以避免偶然发生的电压冲击危害。接地线与机器的接地端相接，基本单元接地。如果要用扩展单元，其接地点应与基本单元的接地点接在一起。为了抑制加在电源及输入端、输出端的干扰，应给可编程控制器接上专用地线，接地点应与动力设备（如电机）的接地点分开。若达不到这种要求，也必须做到与其他设备公共接地，禁止与其他设备串联接地。接地点应尽可能靠近 PLC。

4.5.3 直流 24V 接线端

使用无源触点的输入器件时，PLC 内部 24V 电源通过输入器件向输入端提供每点 7mA 的电流，PLC 上的 24V 接线端子还可以向外部传感器（如接近开关或光电开关）提供电流。24V 端子作传感器电源时，COM 端子是直流 24V 接地端。如果采用扩展单元，则应将基本单元和扩展单元的 24V 端子连接起来。另外，任何外部电源不能接到这个端子。如果发生过载现象，电压将自动跌落，该点输入对可编程控制器不起作用。

每种型号的 PLC 的输入点数量是有规定的。对每一个尚未使用的输入点，它不耗电，因此在这种情况下，24V 电源端子向外供电流的能力可以增加。

FX 系列 PLC 的空位端子在任何情况下都不能使用。

4.5.4 输入接线

PLC 一般接受行程开关、限位开关等输入的开关量信号。输入接线端子是 PLC 与外部传感器负载转换信号的端口。输入接线一般指外部传感器与输入端口的接线。

输入器件可以是任何无源的触点或集电极开路的 NPN 管。输入器件接通时，输入端接通，输入线路闭合，同时输入指示的发光二极管点亮。

输入端的一次电路与二次电路之间采用光电耦合隔离。二次电路带 RC 滤波器，以防止由于输入触点抖动或从输入线路串入的电噪声引起 PLC 误动作。

若在输入触点电路串联二极管，在串联二极管上的电压应小于 4V。若使用带发光二极管的舌簧开关，串联二极管的数目不能超过两只。

另外，输入接线还应特别注意以下几点：

（1）输入接线一般不要超过 30m。但如果环境干扰较小，电压降不大时，输入接线可适当长些。

（2）输入、输出线不能用同一根电缆，输入、输出线要分开。

（3）可编程控制器所能接受的脉冲信号的宽度，应大于扫描周期的时间。

4.5.5　输出接线

（1）可编程控制器有继电器输出、晶闸管输出、晶体管输出3种形式。

（2）输出端接线分为独立输出和公共输出。当PLC的输出继电器或晶闸管动作时，同一号码的两个输出端接通。在不同组中，可采用不同类型和电压等级的输出电压。但在同一组中的输出只能用同一类型、同一电压等级的电源。

（3）由于PLC的输出元件被封装在印制电路板上，并且连接至端子板，若将连接输出元件的负载短路，将烧毁印制电路板，因此，应用熔丝保护输出元件。

（4）采用继电器输出时，承受的电感性负载大小会影响到继电器的工作寿命，因此继电器工作寿命要求长。

（5）PLC的输出负载可能产生噪声干扰，因此要采取措施加以控制。

此外，对于能使用户造成伤害的危险负载，除了在控制程序中加以考虑之外，还应设计外部紧急电路，使得可编程控制器发生故障时，能将引起伤害的负载电源切断。交流输出线和直流输出线不要用同一根电缆，输出线应尽量远离高压线和动力线，避免并行。

4.6　安装锯齿线槽

锯齿线槽安装规范如下：

（1）线槽平整、无扭曲变形，内壁无毛刺，接缝处紧密平直，各种附件齐全。

（2）线槽连接口处应平整，接缝处紧密平直，槽盖装上后应平整、无翘角，出线口位置正确。

（3）线槽经过变形缝时，线槽本身应断开，线槽内用连接板连接，不得固定，保护地线应有补偿余量，线槽CT300×100以下与横旦固定1个螺栓，CT400×100以上必须固定2个螺栓。

（4）非金属线槽所有非导电部分均应相应连接和跨接，使之成为一个整体，并做好整体连接。

（5）敷设在竖井内的线槽和穿越不同防火区的线槽，按设计要求位置设防火隔堵措施。

（6）直线端的钢制线槽长度超过30m加伸缩节，电缆线槽跨变形缝处设补偿装置。

（7）金属电缆线槽间及其支架全长应不小于2处与接地（PE）或接零（PEN）干线相连接。

（8）非镀锌电缆线槽间连接板的两端跨接铜芯接地线，接地线最小允许截面积不小于 BVR -4mm^2。镀锌电缆线槽间连接板的两端可不跨接接地线，但连接板两端有不少于 2 个防松螺帽或防松垫圈的连接固定螺栓。

锯齿线槽的特点：锯齿线槽具有绝缘、防弧、阻燃、自熄等特点。

锯齿线槽的作用：锯齿线槽主要用于电气设备内部布线，在 1 200V 及以下的电气设备中，对敷设其中的导线起机械防护和电气保护作用。使用 PVC 线槽后，配线方便，布线整齐，安装可靠，便于查找、维修和调换线路。

线槽的安装顺序：先放置四周的锯齿线槽，再放置中间的锯齿线槽，最后进行固定，如图 4 - 8、图 4 - 9 所示。

（1）

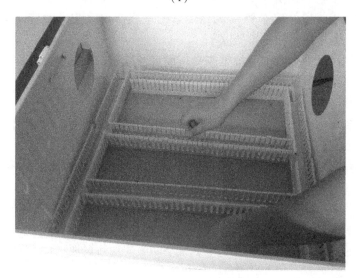

（2）

图 4 - 8　锯齿线槽的放置步骤图

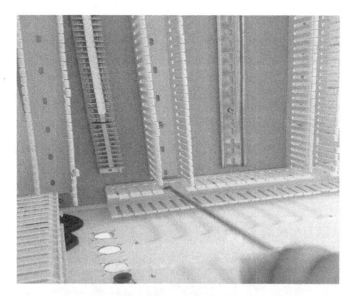

图4-9 锯齿线槽的安装与固定

4.7 安装接线端子

接线端子的作用就是为了方便导线的连接而设计的,它其实就是一段金属片,两端都有孔可以插入导线,有螺丝用于紧固或者松开。比如两根导线,有时需要连接,有时又需要断开,这时就可以用端子把它们连接起来,并且可以随时断开,而不必把它们焊接起来或者缠绕在一起,方便快捷。接线端子还适合大量的导线互联,在电力行业就有专门的端子排、端子箱,上面全是接线端子,单层的、双层的;电流的、电压的;普通的、可断的,等等。一定的压接面积是为了保证可靠接触,以及保证能通过足够的电流。其主要用途是为了接线美观、维护方便;在进行远距离导线之间的连接时,其优点主要是牢靠、施工和维护方便。不同设备之间的电线连接,也需要端子排,某些插件(模块)同样需要端子排。

4.7.1 接线端子应符合的要求

接线端子应符合下列要求:
(1)端子排无损坏,固定牢固,绝缘良好。
(2)端子应有序号,端子排应便于更换,且接线方便。
(3)回路电压超过400V,端子板应有足够的绝缘并涂以红色标志。
(4)强电与弱电的端子宜分开布置;应有明显标志,并设有空端子隔开或设加强绝缘的隔板。

（5）正、负电源之间以及经常带电的正电源与合闸或跳闸回路之间，宜以一个空端子隔开。

（6）电流回路应经过试验端子，其他需断开的回路宜经特殊端子或试验端子（试验端子应接触良好）。

（7）潮湿环境宜采用防潮端子。

（8）接线端子应与导线截面匹配，不应使用小端子配大截面导线。

（9）连接件均应采用铜质制品，绝缘件应采用自熄性阻燃材料。

（10）各电器元件间的端子牌等应标明编号，其标明的字迹应清晰、工整，且不易脱色。

图 4-10 所示为接线端子实物图。

图 4-10 接线端子

4.7.2 电控柜内电路接线配线应符合的要求

电控柜内电路接线配线应符合下列要求：

（1）按图施工，接线正确。

（2）导线与电气元件间采用螺栓连接、插接或压接线等，均应牢固可靠。

（3）电控柜内的导线不应有接头，导线芯线应无破损。

（4）电缆芯线和所配导线的端部均应标明其回路编号，编号应正确，字迹清晰且不易脱色。

（5）配线应整齐、清晰、美观，导线绝缘应良好、无损伤。

（6）每个接线端子的每侧接线宜为 1 根。

（7）电路接地应设专用螺栓。

（8）动力配线电路采用电压不低于 500V 的铜芯绝缘导线，在满足载流量和电压降及有足够机械强度的情况下，可采用不小于 0.5mm² 截面的绝缘导线。

4.7.3　连接可动部位的导线应符合的要求

用于连接门的电位器、控制台板等可动部位的导线尚应符合下列要求：

（1）应采用多股软导线，敷设长度应有适当裕度。

（2）线束应有外塑料管等加强绝缘层。

（3）与电器连接时，端部应绞紧，并应加终端附件或搪锡，不能松散、断股。

（4）在可动部位两端应用卡子固定。

4.7.4　引入电控柜电缆应符合的要求

引入电控柜的电缆，应符合下列要求：

（1）引入电控柜的电缆应排列整齐，编号清晰，避免次序交叉，并应固定牢固，不允许所接的端子排承受到机械应力。

（2）电缆在进入电控柜后，应该用卡子固定和扎紧，并应接地。用于静态保护、控制等逻辑回路的控制电缆，应采用屏蔽。其屏蔽层应按设计要求的接地方式接地。

（3）橡胶绝缘的芯线应外套绝缘管保护。电控柜内的电缆芯线应按垂直或水平有规律地配置，不得任意歪斜、交叉连接。备用芯线长度应有适当裕度。

（4）强、弱电回路不应使用同一根电缆，并应分别成束分开排列。

（5）直流回路中有水银接点的电器，电源正极应接到水银侧接点的一端。

（6）在油污环境，应采用耐油的绝缘导线，橡胶或塑料绝缘导线应采取防护措施。

4.7.5　检查电控柜

电控柜装配完，应按下列要求进行检查：

（1）电控柜的固定及接地应可靠，电控柜漆层应完好、清洁、整齐。

（2）电控柜内安装电器元件应齐全、完好，安装位置正确，固定牢固。

（3）电控柜内接线应准确、可靠，标志齐全、清晰，绝缘符合要求。

（4）电控柜门锁可靠。

（5）电控柜散热、照明装置齐全。

（6）电控柜的安装质量验收要求应符合国家现行有关标准、规范的规定。

（7）电控柜应有防潮、防尘和耐热性能，按国家现行标准要求验收。

（8）电控柜内及管道安装完成后，应做好封堵。

（9）操作及联动试验符合设计要求。

4.7.6 电线电缆安装前检查

电线电缆安装前检查：

（1）电缆型号、规格、长度、绝缘强度、耐热、耐压、正常工作进载流量、电压降、最小截面积、机械性能应符合技术要求。

（2）电缆外观不应受损。

（3）电缆封严密。

4.7.7 接线配线检查

接线配线应按下列要求进行检查：

（1）接线配线规格应符合规定；排列整齐，无机械损伤；标志牌应装设齐全、正确、清晰。

（2）电缆的固定、弯曲半径、有关距离和单芯电力电缆的金属护层的接线、相序排列等应符合要求。

（3）电缆终端、电缆接头应安装牢固，接触良好。

（4）接地应良好；接地电阻应符合设计要求。

（5）电缆终端的相色应正确，电缆支架等的金属部件防腐层应完好。

（6）电缆内应无杂物，盖板齐全。

（7）连接牢固，没有意外松脱的风险。

（8）线缆识别标记应清晰、耐久。

（9）电缆铺设应无接头。

（10）线缆颜色区别与图纸一致。

（11）引出电控柜的控制线应用插头、插座。

（12）引出电控柜的动力电缆应直接连接到端子上。

4.8 安装断路器

图4-11所示为断路器实物图，图4-12、图4-13分别为安装在电柜门正面和背面的断路器示意图。

安装断路器的注意事项：

（1）被保护回路电源线，包括相线和中性线均应穿入零序电流互感器。

（2）穿入零序互感器的一段电源线应该用绝缘带包扎紧，捆成一束后由零序电流互感器孔的中心穿入。这样做的目的主要是为了消除由于导线位置不对称而在铁芯中产生不平衡磁通的现象。

（3）由零序互感器引出的零线不得重复接地，否则在三相负荷不平衡时生成的不平衡电流不会全部从零线返回，而有部分由大地返回，因此通过零序电流互感器电流的向量和便不为零，二次线圈有输出，可能会造成误动作。

（4）每一保护回路的零线均应专用，不得就近搭接，不得将零线相互连接，否则三相的不平衡电流或单相触电保护器相线的电流，将有部分分流到各相连接的不同保护回路的零线上，会使二次回路的零序电流互感器铁芯产生不平衡磁动势。

（5）断路器安装好后，通电，按动试验按钮试跳。

图 4 - 11 断路器

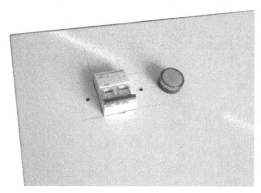

图 4 - 12 断路器安装在电柜门（正面）

图 4 - 13 断路器安装在电柜门（背面）

4.9 安装开关电源

先要统计一下用电设备所需要的电压等级与功率，选择开关电源。

从左到右、从上到下，按照电路电气元件的顺序安装。因此，电源应安装在电柜的左上方。如图 4 - 14 所示。

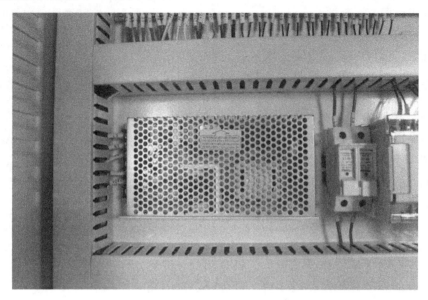

图 4 - 14　开关电源的接线

4.10　安装有源滤波器、继电器、风扇、回生电阻

4.10.1　有源滤波器的安装

图 4 - 15 所示为有源滤波器实物图。

在安装有源滤波器前，首先应进行如下检查：目检有源滤波器外部和内部是否存在运输损坏。如有损坏，请立即通报承运商，并核对产品标签，确认设备的正确性。设备侧壁贴有设备标签，标签上标明了有源滤波器的型号、容量及主要参数。

1. 选位

有源滤波器设计为室内安装，应安装在清洁的环境中，并且应通风良好，以保证环境温度满足产品的规格要求。有源滤波器由内部风扇提供强制风冷，冷风通过有源滤波器机柜前面的风栅进入有源滤波器内部，并通过有源滤波器后部的风栅排出热风，请勿阻塞通风孔。如果安装方式为壁挂模式，在滤波器机箱的前进风端及后出风端口至少要预留 150mm 的进出风空间。如果安装方式为标准机柜模式，请选择前后门均可通风的机架柜。如有必要，应安装室内排气扇，以避免室温增高。在尘埃较多的环境中，应加装空气过滤网。

图 4 - 15 有源滤波器的安装

注：有源滤波器仅适用于安装在混凝土或其他非易燃物表面。有源滤波器可选择机架安装方式、平面安装方式及壁挂式安装方式。

2. 安装环境

为了延长使用寿命，有源滤波器安装位置的选择应保证：

（1）接线方便；

（2）有足够的操作空间；

（3）通风良好，以满足散热要求；

（4）周围无腐蚀性气体；

（5）无过湿和高温源；

（6）少尘环境；

（7）符合消防要求：机箱进线端有电源端子和 CT 输入接线端子。有源滤波器前面板设计有操作控制面板提供基本运行状态和报警信息显示。有源滤波器机架安装方式前面提供进风口，后面提供出风口；壁挂式安装方式提供下进风口和上出风口。

有源滤波器安装时，应将柜体牢固安装于基座之上，壁挂式应将柜体用螺丝固定在墙面或其他柜体上。安装过程中，要防止有源滤波器受到撞击和震动，所有柜体不得倒置，倾斜角度不得超过 30°。考虑通风散热及操作空间的需要，整套装置背面距离墙不得小于 100mm，装置顶部与屋顶空间距离不得小于 200mm，装置正面离墙距离不得小于 800mm。

3. 搬运注意事项

为防止柜体变形，在搬运过程中要注意以下几点：

（1）现场搬运、吊装前请先估计有源滤波器的整体重量，该数据可从有源滤波器装箱清单中获得。

（2）不要毁坏有源滤波器开箱后的木板基座，可用其作为有源滤波器吊运的托架。

（3）在搬运过程中，有源滤波器不可倾斜，否则会引起有源滤波器柜体变形或损坏。

4．操作空间

为了方便日常运行时对滤波器内的电源端子进行紧固，除满足当地规定外，滤波器进线端应保留足够空间，以方便维护人员进行线缆的接入。线缆接好后应留有至少150mm的空间以保持通风的顺畅。

4.10.2　继电器的安装

图4－17所示为安装在电柜中的继电器，图4－16所示为中间继电器。

（1）　　　　　　　　　　　　（2）

图4－16　中间继电器

图4-17 继电器固定在电柜中

1. 安装方向

正确的安装方向对于实现继电器最佳性能非常重要。耐冲击理想的安装方向是使触点和可动部件（衔铁部分）以运动方向与振动或冲击方向垂直，特别是常开触点在线圈未激励时，其抗振动、抗冲击性能在很大程度上受继电器安装方向的影响。

触点可靠性继电器的安装方向应使其触点表面垂直，以防止污染和粉尘落入触点表面，而且不适宜在一个继电器上同时转换大负载和低电平负载，否则会互相影响。当需要许多只继电器紧挨着安装在一起时，由于产生的热量叠加，可能会导致非正常高温，所以，安装时彼此间应有足够的间隙（一般为 >5mm），以防止热量累积。无论如何，应确保继电器的环境温度不超过样本规定。

2. 使用插座

当使用插座时，应保证插座安装牢固，继电器引脚与插座接触可靠，安装孔与插座配合良好，并正确使用插座及继电器安装支架。

3. 连接引线的选择

如需要用引线连接继电器，应按照其负载大小，选取适当截面积的引线。

4. 清洗工艺

应避免对非塑封继电器进行整体清洗，塑封式继电器的清洗应采用适当的清洗剂，建议使用氟里昂或酒精；应尽量避免使用超声波清洗，是因为超声频率的谐波会使触点产生摩擦焊（冷焊）并可能使触点卡死。在清洗和干燥后，应立即进行通风处理，使继电器降至室温。

5. 运输和安装

继电器是一种精密机械，因此对运输方式非常敏感，在制造过程中已采用了许多方法使继电器在运输过程中得到最好的保护，因此在进厂检验以及在用户以后的使用安装中，不要破坏继电器的初始性能。此外，还应注意以下几点：

（1）为防止引出端表面污染，不应直接接触引出端。否则，可能导致可焊性下降。

（2）引出端的位置应与印刷板的孔位吻合，任何配合不当都可能造成继电器产生危险，损害其性能和可靠性。

（3）应注意监测存储温度，尽量避免继电器存储时间过长（建议不超过 3 个月）。

（4）继电器应在洁净的环境中存储和安装。

6．涂焊剂

非塑封继电器极易受焊剂的污染，建议使用抗焊剂式或塑封式继电器，以防止焊剂气体从引出端和底座与外壳的间隙侵入，此类继电器适合用喷涂焊剂工艺。抗焊剂式继电器如采用预热烘干，则可进一步防止焊剂侵入。当使用涂焊剂或自动焊接时，应小心谨慎，不要破坏继电器性能。抗焊剂式继电器或塑封式继电器适用于浸焊或波峰焊工艺，但最大焊接温度和时间应随所选继电器的不同加以控制。

4.10.3　风扇的安装

过滤风扇特别适用于经济地排出高热负载，只有在柜内温度高于环境温度时才使用风扇。最普遍的方法：因为热空气比冷空气轻，柜内空气流向应当是由下往上的，因此，通常情况下应在柜体的前门或者侧壁板的下方作为进气口，上方作为排气口。图 4－18 和图 4－19 所示分别为电柜电源侧风扇的安装和电柜滤波器侧风扇的安装。

（1）如果工作现场环境比较理想，没有粉尘、油雾、水汽等影响电气控制柜内的各元器件正常工作，可在进气口装风扇。为了安全和美观，可以在排气口和进气口外面加装风机装饰板。

（2）如果工作现场环境不理想，有粉尘、油雾、水汽等影响电气控制柜内的各元器件正常工作，就应该在进气口选用 CM 系列过滤风扇；在排气口选用过滤栅，以防止粉尘、油雾、水汽等进入电气控制柜内。

散热的方式有辐射散热、传导散热、对流散热和蒸发散热。在电柜中主要采用对流散热的散热方式，在电柜的两侧安装了两台操作者可以控制启停的散热器。其一，能实现与电柜外部的空气进行交换。其二，当预定工作时间不长时，电柜可以自身进行辐射，传导散热，缓解发热，这时操作者可以考虑关闭风扇，实现节能。

图4-18 电柜电源侧风扇的安装

图4-19 电柜滤波器侧风扇的安装

4.10.4　回生电阻的安装

当马达的出力矩和转速的方向相反时，代表能量从负载端传回至驱动器内。此能量灌注 DC Bus 中的电容使得其电压值上升。当上升到某一值时，回灌的能量只能靠回生电阻来消耗。驱动器内含回生电阻（见图 4－20），使用者也可以外接回生电阻。若使用外部回生电阻，需将 P，D 端开路，外部回生电阻应接于 P，C 端；若使用内部回生电阻，则需将 P，D 端短路且 P，C 端开路。若内部回生电阻不足够消耗回灌的能量且发生回生异常（ALE05），需要外接外部回生电阻。如图 4－21 所示为回生电阻的安装示意图。

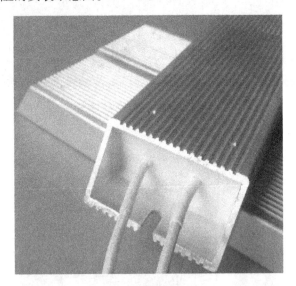

图 4－20　回生电阻

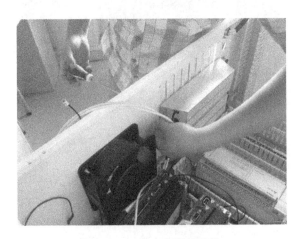

图 4－21　回生电阻的安装

4.11　安装保险丝、灯泡、指示灯

4.11.1　安装保险丝

安装保险丝的正确方法是：

（1）固定保险丝应加平垫片；

（2）保险丝端头绕向应与螺钉旋转方向一致，而且保险丝端头绕向不重叠；

（3）固定保险丝的螺钉不要拧得过紧或过松，以接触良好又不损伤保险丝为佳；

（4）当一根保险丝容量不够，需要多根并联使用时，彼此不能绞扭在一起，且应计算好保险丝的大小；

（5）不要将保险丝拉得过紧或过于弯曲，以稍松些为好。

图4－22所示为保险丝的安装图。

图4－22　保险丝的安装

4.11.2　安装灯泡

电柜内安装照明灯（见图4－23），控制开关一般在柜外操作。如果控制柜平时就能打开，开关在里面也可以。

图 4 – 23　照明灯泡的安装

4.11.3　安装指示灯

电工成套装置中的指示灯和按钮的颜色根据中华人民共和国国家标准《电工成套装置中的指示灯和按钮的颜色》（GB 2682—1981）确定使用。

1．范围

本标准仅规定电工成套装置中的指示灯和按钮的统一使用颜色。

2．目的

统一指示灯的按钮颜色的使用意义，保障人身安全，便于操作与维修。

3．辅助的表征

单靠颜色不能表征操作功能或运行状态时，可在器件上或器件的近旁补加必要的图形符号或文字符号。

有要求时，可在指示灯发出带色的定光或闪光信息的同时，再预补加音响信号（包括附有解除音响的执行按钮）。

4．统一的规定

（1）可用颜色。

指示灯用红、黄、绿、蓝和白色；按钮用红、黄、绿、蓝、黑、白和灰色。

（2）选色原则。

依按钮被操作（按压）后所引起的功能，或指示灯被接通（发光）后所反映的信息来选色。

（3）闪光信息的作用。

进一步引起注意；须立即采取行动；反映出的信息不符合指令的要求；表示变化过程（在过程中发闪光）。

亮与灭的时间比一般是在1∶1 至4∶1 之间选取。较优先的信息使用较高的闪烁频率。

5. 灯的颜色

（1）光亮信息的作用。

指示：借以引起操作者的注意，或指示操作者应做的某种操作。

执行：借以反映某个指令、某种状态、某些条件或某类演变，正在执行或已被执行。

（2）颜色的指令含义。

指示灯的颜色及其含义如表4-1所示。

表4-1　指示灯的颜色及其含义

颜色	含义	说明	举　例
红	危险或告急	有危险或须立即采取行动	润滑系统失压； 温度已超（安全）极限； 因保护器件动作而停机； 有触及带电或运动的部件的危险
黄	注意	情况有变化，或即将发生变化	温度（或压力）异常； 当仅能承受允许的短时过载
绿	安全	正常或允许进行	冷却通风正常； 自动控制系统运行正常； 机器准备起动
蓝	按需要指定用意	除红、黄、绿三色之外的任何指定用意	遥控指示； 选择开关在"设定"位置
白	无特定用意	例如：不能确切地用红、黄、绿时，以及用作"执行"时	

6. 按钮的颜色

按钮的颜色及其含义如表4-2所示。

（1）"停止""断电"或"事故"用红色按钮。

（2）"起动"或"通电"优先用绿色按钮，允许用黑、白或灰色按钮。

（3）一钮双用的"起动"与"停止"或"通电"与"断电"：交替按压后改变功能的，既不能用红色钮，亦不能用绿色钮，而应用黑、白或灰色按钮；按时运动、抬时停止运动（如点动、微动），应用黑、白、灰或绿色，最好是黑色按钮，而不能用红色。

（4）"复位"：单一功能的，用蓝、黑、白或灰色按钮；同时有"停止"或"断电"功能的，用红色按钮。

表4-2　按钮的颜色及其含义

颜色	含义	举　例
红	处理事故	紧急停机； 扑灭燃烧
红	"停止"或"断电"	正常停机； 停止一台或多台电动机； 装置的局部停机； 切断一个开关； 带有"停止"或"断电"功能的复位
黄	参与	防止意外情况； 参与抑制反常的状态； 避免不需要的变化（事故）
绿	"起动"或"通电"	正常起动； 起动一台或多台电动机； 装置的局部起动； 接通一个开关装置（投入运行）
蓝	上列颜色未包含的任何指定用意	凡红、黄和绿色未包含的用意，皆可采用蓝色
黑、灰、白	无特定用意	除单功能的"停止"或"断电"按钮外的任何功能的灯光按钮

7．灯光按钮

（1）类型。

灯光按钮的类型如表4-3所示。

表4-3　灯光按钮的类型

按钮的类型	灯　灭	灯　亮
a	颜色不变	颜色不变
b	无特定颜色（非彩色）	任何一种颜色
c	无特定颜色（非彩色）	不同颜色（每种颜色都有各自的灯）

GB 2682—1981 第五条和第六条的规定，同样适用于灯光按钮。当选色有困难时，允许使用白色。

（2）灯光按钮的信息作用。

①指示：通过按钮上的灯光，告知操作者需按压该灯的按钮，以完成某种操作。按压后，灯灭，反映某个指令已被执行。当需要引起操作者注意时（如警报），可采用闪光的灯光按钮，该按钮被按压后，可变闪光为定光。在引起的原因未被排除前，固定光不灭。

②执行：按压灭灯的按钮后，该按钮上的灯亮，以反映某个指令已被执行，直至解除执行后，方准将灯熄灭。当按压后，在按钮上如果发出闪光的灯亮，则反映某个指令或某类演变正在执行。完成执行后，须自动地使闪光变为定光。

注：灯光按钮不得用作事故按钮。

4.12 按照线路图连线

连线时要做到以下六个"注意"：

（1）注意顺序。

所谓的顺序是指按照给定的电路图中元件的顺序连接实物图，在连接实物图的过程中各个元件的顺序不能颠倒。一般的顺序：电源正极→电路元件→电源负极。

（2）注意量程。

电路中若有电表，那么电表的量程必须注意选择，被测电流不能超过量程。

（3）注意正负。

由于电表有多个接线柱且有正负接线柱之分，我们要在正确选择量程的基础上，看准是用正接线柱还是用负接线柱，以保证电流从电流表和电压表的正接线柱流进，从负接线柱流出。

（4）注意交叉。

根据电路图连接实物图，要求导线不能交叉，注意合理安排导线的位置，力求画出简洁、流畅的实物图。

（5）注意符号。

根据实物图画电路图时，电路中的各个元件一定要用统一规定的物理符号。

（6）注意连接。

根据实物图画电路图时，线路要画得简洁、美观、整齐，导线应注意横平竖直及导线到元件间不能断开。

4.13　电柜线路的接头处理

电柜线路的接头处理要注意以下事项：

（1）最简单的方法是先铰接（见图4－24），再搪锡，然后用高强度绝缘带包扎。

（2）使用专用接线帽的方法，既简洁又方便，但压接帽必须具有较高的阻燃性。

（3）使用接线盒的方法，接线盒、接线柱内只允许一根导线连接。

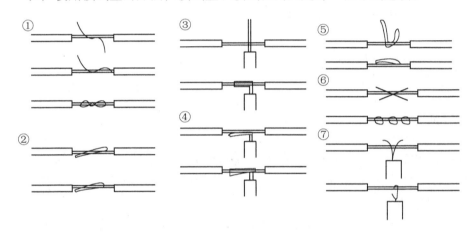

图4－24　铰接

思考与练习

1. 使用电柜有什么优点？
2. 请简述电柜设计的原则。
3. 电气元件在电柜中摆放应遵循什么原则？
4. 请简述电柜安装的步骤。
5. 电柜线路的接头应该如何处理？

第5章

传感器与气动电路安装

5.1　电磁阀的认识

电磁阀是用电磁控制的工业设备，是用来控制流体的自动开关元件。常用于液压及气动的执行器，在工业控制系统中用于调整介质的方向、流量、速度和其他的参数。电磁阀可以配合不同的电路来实现预期的控制，而控制的精度和灵活性都能够保证。

电磁阀有很多种，不同的电磁阀在控制系统的不同位置发挥作用，最常用的是单向阀、安全阀、方向控制阀、速度调节阀等。

5.1.1　工作原理

电磁阀里有密闭的腔，在不同位置开有通孔，每个孔连接不同的油管，腔中间是活塞，两面是两块电磁铁，哪面的磁铁线圈通电，阀体就会被吸引到哪边，通过控制阀体的移动来开启或关闭不同的排油孔。而进油孔是常开的，液压油就会进入不同的排油管，然后通过油的压力来推动油缸的活塞，活塞又带动活塞杆，活塞杆带动机械装置。这样通过控制电磁铁的电流通断就控制了机械运动。

5.1.2　主要分类

电磁阀从原理上可分为直动式电磁阀、先导式电磁阀和分步直动式电磁阀三大类。

1. 直动式电磁阀

（1）原理。

通电时，电磁线圈产生电磁力，把关闭件从阀座上提起，阀门打开；断电时，电磁力消失，弹簧把关闭件压在阀座上，阀门关闭。

（2）特点。

在真空、负压、零压时能正常工作，但通径一般不超过25mm。

直动式电磁阀实物如图 5 – 1 所示。

2．先导式电磁阀

（1）原理。

通电时，电磁力把先导孔打开，上腔室压力迅速下降，在关闭件周围形成上低下高的压差，流体压力推动关闭件向上移动，阀门打开；断电时，弹簧力把先导孔关闭，入口压力通过旁通孔迅速在关闭件周围形成下低上高的压差，流体压力推动关闭件向下移动，关闭阀门。

（2）特点。

流体压力范围上限较高，可任意安装（需定制），但必须满足流体压差条件。

先导式电磁阀实物如图 5 – 2 所示。

图 5 – 1　直动式电磁阀

图 5 – 2　先导式电磁阀

3．分步直动式电磁阀

（1）原理。

分步直动式电磁阀是一种直动式和先导式相结合的设备。当入口与出口没有压差时，通电后，电磁力直接把先导小阀和主阀关闭件依次向上提起，阀门打开。当入口与出口达到启动压差时，通电后，电磁力先导小阀，主阀下腔压力上升，上腔压力下降，从而利用压差把主阀向上推开；断电时，先导阀利用弹簧力或介质压力推动关闭件向下移动，使阀门关闭。

（2）特点。

在零压差或真空、高压时亦能可靠动作，但功率较大，必须水平安装。

分步直动式电磁阀实物如图 5 – 3

图 5 – 3　分步直动式电磁阀

所示。

另外，根据电磁阀结构和材料的不同，可分为6个分支小类：直动膜片结构、分步直动膜片结构、先导膜片结构、直动活塞结构、分步直动活塞结构和先导活塞结构。

电磁阀还可以按照功能分类，分为水用电磁阀、蒸汽电磁阀、制冷电磁阀、低温电磁阀、燃气电磁阀、消防电磁阀、氨用电磁阀、气体电磁阀、液体电磁阀、微型电磁阀、脉冲电磁阀、液压电磁阀、常开电磁阀、油用电磁阀、直流电磁阀、高压电磁阀和防爆电磁阀等。

5.2　机械手传感器的认识

传感器是一种检测装置（见图5-4），能感受到被测量的信息，并能将感受到的信息按一定规律变换成电信号或其他所需形式的信息输出，以满足信息的传输、处理、存储、显示、记录和控制等要求。

图5-4　传感器

5.2.1　传感器的特点

传感器的特点包括微型化、数字化、智能化、多功能化、系统化和网络化，它是实现自动检测和自动控制的首要环节。传感器的存在和发展，让物体有了触觉、味觉和嗅觉等感官，让物体慢慢变得活了起来。人们常将传感器的功能与人类5大感觉器官相比拟：

光敏传感器——视觉；

声敏传感器——听觉；

气敏传感器——嗅觉；

化学传感器——味觉；

压敏、温敏、流体传感器——触觉。

传感器早已渗透到诸如工业生产、宇宙开发、海洋探测、环境保护、资源调查、医学诊断、生物工程甚至文物保护等极其广泛的领域。可以毫不夸张地说，从茫茫的太空到浩瀚的海洋，以至各种复杂的工程系统，几乎每一个现代化项目，都离不开各种各样的传感器。

5.2.2　传感器的组成

传感器一般由敏感元件、转换元件、变换电路和辅助电源四部分组成。敏感元件直接感受被测量，并输出与被测量有确定关系的物理量信号；转换元件将敏感元件输出的物理量信号转换为电信号；变换电路负责对转换元件输出的电信号进行放大调制；转换元件和变换电路一般还需要辅助电源供电。

其中，敏感元件又可按以下方式分类：

物理类：基于力、热、光、电、磁和声等物理效应。

化学类：基于化学反应的原理。

生物类：基于酶、抗体和激素等分子识别功能。

通常据其基本感知功能可分为热敏元件、光敏元件、气敏元件、力敏元件、磁敏元件、湿敏元件、声敏元件、放射线敏感元件、色敏元件和味敏元件等十大类。

5.2.3 传感器的常见种类

传感器的常见种类有：

1. 电阻式传感器

电阻式传感器是将被测量（如位移、形变、力、加速度、湿度、温度等）物理量转换成电阻值的一种器件（如图5-5所示）。主要有电阻应变式、压阻式、热电阻、热敏、气敏、湿敏等器件。

2. 变频功率传感器

变频功率传感器通过对输入的电压、电流信号进行交流采样，再将采样值通过电缆、光纤等传输系统与数字量输入二次仪表相连，数字量输入二次仪表对电压、电流的采样值进行运算，可以获取电压有效值、电流有效值、基波电压、基波电流、谐波电压、谐波电流、有功功率、基波功率和谐波功率等参数。图5-6所示为变频功率传感器。

3. 称重传感器

称重传感器是一种能够将重力转变为电信号的力－电转换装置，是电子衡器的一个关键部件。

能够实现力－电转换的传感器有多种，常见的有电阻应变式、电磁力式和电容式

图5-5 电阻式传感器

图5-6 变频功率传感器

等。电磁力式传感器主要用于电子天平，电容式传感器用于部分电子吊秤，而绝大多数衡器产品所用的还是电阻应变式称重传感器。电阻应变式称重传感器结构较简单，准确度高，适用面广，且能够在相对较差的环境下使用。因此，电阻应变式称重传感器在衡器中得到了广泛的运用。

电阻应变式传感器中的电阻应变片具有金属的应变效应，即在外力作用下产生机械形变，从而使电阻值随之发生相应的变化。电阻应变片主要有金属和半导体两类，金属应变片有金属丝式、箔式、薄膜式之分。半导体应变片具有灵敏度高（通常是丝式、箔式的几十倍）、横向效应小等优点。

4. 压阻式传感器

压阻式传感器是根据半导体材料的压阻效应，在半导体材料的基片上经扩散电阻而制成的器件。其基片可直接作为测量传感元件，扩散电阻在基片内接成电桥形式。当基片受到外力作用而产生形变时，各电阻值将发生变化，电桥就会产生相应的不平衡输出。

用作压阻式传感器的基片（或称膜片）材料主要为硅片和锗片，硅片为敏感材料，用其制成的硅压阻传感器越来越受到人们的重视，尤其是以测量压力和速度的固态压阻式传感器应用最为普遍。

5. 热电阻传感器

热电阻传感器主要是利用电阻值随温度的变化而变化这一特性来测量温度及与温度有关的参数。在温度检测精度要求比较高的场合，这种传感器比较适用。较为广泛的热电阻材料为铂、铜、镍等，它们具有电阻温度系数大、线性好、性能稳定、使用温度范围宽、加工容易等特点，可用于测量 $-200 \sim +500℃$ 范围内的温度。

热电阻传感器如图 5 - 7 所示。

图 5 - 7　热电阻传感器

6. 激光传感器

激光传感器由激光器、激光检测器和测量电路组成。激光传感器工作时，先由激光发射二极管对准目标发射激光脉冲，经目标反射后，激光向各方向散射。部分散射光返回到传感器接收器，被光学系统接收后成像到雪崩光电二极管上。雪崩光电二极管是一种内部具有放大功能的光学传感器，它能检测极其微弱的光信号，并将其转化为相应的电信号。

激光传感器是一种新型测量仪表，它的优点是能实现无接触远距离测量，速度快，精度高，量程大，抗光、电干扰能力强等。利用激光的高方向性、高单色性和高亮度等特点，可实现无接触远距离测量。激光传感器常用于长度、距离、振动、速度、方位等物理量的测量，还可用于探伤和大气污染物的监

图 5 - 8　激光传感器

测等。

激光传感器如图 5 - 8 所示。

7. 霍尔传感器

霍尔传感器是根据霍尔效应制作的一种磁场传感器（参见图 5 - 9）。霍尔电压随磁场强度的变化而变化，磁场越强，电压越高；磁场越弱，电压越低。霍尔电压值很小，通常只有几毫伏，但经集成电路中的放大器放大，就能使该电压放大到足以输出较强的信号。若使霍尔集成电路起传感作用，需要用机械的方法来改变磁场强度。霍尔效应传感器属于被动型传感器，它要有外加电源才能工作，这一特点使它能检测转速低的运转情况。

霍尔传感器分为线性型霍尔传感器和开关型霍尔传感器两种。

图 5 - 9　霍尔传感器

线性型霍尔传感器由霍尔元件、线性放大器和射极跟随器组成，它输出模拟量。

开关型霍尔传感器由稳压器、霍尔元件、差分放大器、斯密特触发器和输出级组成，它输出数字量。

8. 温度传感器

温度传感器的种类很多，经常使用的有热电阻：PT100，PT1000，Cu50，Cu100；热电偶：B，E，J，K，S 等。温度传感器不但种类繁多，而且组合形式多样，应根据不同的场所选用合适的产品（参见图 5 - 10）。

测温原理：根据电阻阻值、热电偶的电势随温度不同发生有规律变化的原理，我们可以得到所需要测量的温度值。

9. 光敏传感器

光敏传感器的种类主要有光电管、光电倍增管、光敏电阻、光敏三极管、太阳能电池、红外线传感器、紫外线传感器、光纤式光电传感器、色彩传感器、CCD 和 CMOS 图像传感器等。它的敏感波长在可见光波长附近，包括红外线波长和紫外线波长。光传感器不只局限于对光的探测，它还可以作为探测元件组成其他传感器，对许多非电量进行检测，只要将这些非电量转换为光信号的变化即可。光传感器在自动控制和非电量电测技术应用中占有非常重要的地位。

图 5 - 10　温度传感器

光敏传感器如图 5 – 11 所示。

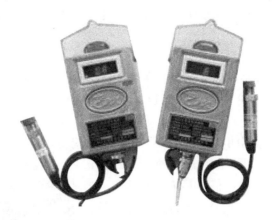

图 5 – 11　光敏传感器

10．视觉传感器

视觉传感器具有从一整幅图像捕获光线的能力。图像的清晰和细腻程度通常用分辨率来衡量，以像素数量表示。

在捕获图像之后，视觉传感器将其与内存中存储的基准图像进行比较，以做出分析。例如，若视觉传感器被设定为辨别正确地插有 8 颗螺栓的机器部件，则传感器知道应该拒收只有 7 颗螺栓的部件，或者螺栓未对准的部件。此外，无论该机器部件位于视场中的哪个位置，或者该部件是否在 360°范围内旋转，视觉传感器都能做出判断。

图 5 – 12　视觉传感器

视觉传感器如图 5 – 12 所示。

11．位移传感器

位移传感器是一种属于金属感应的线性器件（见图 5 – 13），作用是把各种被测物理量转换为电量。它分为电感式位移传感器、电容式位移传感器、光电式位移传感器、超声波式位移传感器和霍尔式位移传感器等。在这种转换过程中，有许多物理量（如压力、流量、加速度等）常常需要先变换为位移，然后再将位移变换成电量。

图 5 – 13　位移传感器

在生产过程中，位移的测量一般分为测量实物尺寸和机械位移两种。机械位移包括线位移和角位移。按被测变量变换的形式不同，位移传感器可分为模拟式和数字式两种。模拟式又可分为物性型（如自发电式）和结构型两种。常用位移传感器以模拟式结构型居多，包括电位器式位移传感器、电感式位移传感器、自整角机、电容式位移传感器、电涡流式位移传感器和霍尔式位移传感器等。数字式位移传感器的一个重要优点是便于将信号直接送入计算机系统。这种传感器发展迅速，应用日益广泛。

12. 电容式液位传感器

电容式液位传感器适用于工业企业在生产过程中进行测量和控制生产过程，主要用作类导电与非导电介质的液体液位或粉粒状固体料位的远距离连续测量和指示。

电容式液位传感器由电容式传感器与电子模块电路组成，它以两线制 4 ～ 20mA 恒定电流输出为基型，经过转换，可以用三线或四线方式输出，输出信号形成 1 ～ 5V，0 ～ 5V，0 ～ 10mA 等标准信号。电容传感器由绝缘电极和装有测量介质的圆柱形金属容器组成。当料位上升时，因非导电物料的介电常数明显小于空气的介电常数，所以电容量随着物料高度的变化而变化。传感器的模块电路由基准源、脉宽调制、转换、恒流放大、反馈和限流等单元组成。采用脉宽调节原理进行测量的优点是频率较低、对周围无射频干扰、稳定性好、线性好、无明显温度漂移等。

电容式液位传感器如图 5 – 14 所示。

图 5 – 14　电容式液位传感器

5.2.4　传感器的主要特性

1. 传感器的静态特性

传感器的静态特性是指对静态的输入信号，传感器的输出量与输入量之间所具有的相互关系。因为这时输入量和输出量都和时间无关，所以它们之间的关系，即传感器的静态特性可用一个不含时间变量的代数方程表示，或以输入量作横坐标，把与其对应的输出量作纵坐标而画出的特性曲线来描述。

表征传感器静态特性的主要参数有线性度、灵敏度、迟滞、重复性、漂移等。

（1）线性度。

线性度指传感器输出量与输入量之间的实际关系曲线偏离拟合直线的程度。定义为在全量程范围内实际特性曲线与拟合直线之间的最大偏差值与满量程输出值之比。

（2）灵敏度。

灵敏度是传感器静态特性的一个重要指标。其定义为输出量的增量与引起该增量的相应输入量增量之比。用 S 表示灵敏度。

（3）迟滞。

传感器在输入量由小到大（正行程）及输入量由大到小（反行程）变化期间，其输入输出特性曲线不重合的现象称为迟滞。对于同一大小的输入信号，传感器的正反行程输出信号大小不相等，这个差值称为迟滞差值。

（4）重复性。

重复性是指传感器在输入量按同一方向作全量程连续多次变化时，所得特性曲线不一致的程度。

（5）漂移。

传感器的漂移是指在输入量不变的情况下，传感器输出量随着时间变化，此现象称为漂移。产生漂移的原因有两个方面：一是传感器自身结构参数；二是周围环境（如温度、湿度等）。

（6）分辨力。

当传感器的输入从非零值缓慢增加时，在超过某一增量后输出发生可观测的变化，这个输入增量称为传感器的分辨力，即最小输入增量。

（7）阈值。

当传感器的输入从零值开始缓慢增加时，在达到某一值后输出发生可观测的变化，这个输入值称为传感器的阈值电压。

2．传感器的动态特性

传感器的动态特性是指传感器在输入变化时，它的输出特性。在实际工作中，传感器的动态特性常用它对某些标准输入信号的响应来表示。这是因为传感器对标准输入信号的响应容易用实验方法求得，并且它对标准输入信号的响应与它对任意输入信号的响应之间存在一定的关系，往往知道了前者就能推定后者。最常用的标准输入信号有阶跃信号和正弦信号两种，所以传感器的动态特性也常用阶跃响应和频率响应来表示。

5.2.5　环境影响

环境对传感器的影响主要体现在以下方面：

（1）高温环境对传感器造成涂覆材料熔化、焊点开化、弹性体内应力发生结构变化等问题。对于高温环境下工作的情况，需采用耐高温传感器；另外，必须加有隔热、水冷或气冷等装置。

（2）粉尘和潮湿的空气容易造成传感器短路。在此环境条件下应选用密闭性很高的传感器。不同的传感器，其密封的方式是不同的，其密闭性存在着很大差异。常见的密封有密封胶充填或涂覆、橡胶垫机械紧固密封、焊接（氩弧焊、等离子束焊）和抽真空充氮密封。

从密封效果来看，焊接密封最佳，充填涂覆密封胶最差。对于室内干净、干燥环境下工作的传感器，可选择涂胶密封的传感器；而对于一些在潮湿、粉尘性较高的环境下工作的传感器，应选择膜片热套密封或膜片焊接密封、抽真空充氮的传感器。

在腐蚀性较高的环境下，如潮湿、酸性等，对传感器容易造成弹性体受损或产生短路等影响，应选择外表面进行过喷塑或不锈钢外罩、抗腐蚀性能好且密闭性好的传感器。

（3）电磁场对传感器也容易造成影响，导致输出紊乱信号。在此情况下，应对传感器的屏蔽性进行严格检查，看其是否具有良好的抗电磁能力。

（4）易燃、易爆不仅会对传感器造成彻底性的损害，而且还给其他设备和人身安全造成很大的威胁。因此，在易燃、易爆环境下必须选用防爆传感器，这种传感器的密封外罩不仅要考虑其密闭性，还要考虑到防爆强度，以及电缆线引出头的防水、防潮、防爆性等。

在机械手系统（见图 5 – 15）中，一般可以安装光电开关、限位开关、电位器等保障机械手位移的幅度；测速发电机测量机械手的运动速度；加速度传感器安装在机械手的关节部位，用于检测控制各关节的加速度；安装在手指关节的握力传感器和安装在手爪与手臂连接处的腕力传感器，能够有效调整手指、手臂位置，以合适的力度抓起物体。另外，各类视觉、滑觉、接近觉传感器也可应用于机械手。

图 5 – 15　机械手实物图

在机械手闭环系统中，由于传感检测技术的应用，将被控对象的相关参数通过检测反馈给控制系统，大大提高了机械手的精准度。根据传感器在机器人中所起的作用，可总体分为内部传感器和外部传感器两类。内部传感器是用于检测机器人本身状态（如手臂间角度等）的传感器。外部传感器是用于检测机器人所处环境（是什么物体、离物体的距离有多远等）及状况（抓取的物体是否滑落等）的传感器。外部传感器又具体细分为末端执行器传感器和环境传感器。末端执行器传感器主要安装在作为末端执行器的机械手上，检测处理精巧作业的感觉信息，相当于触觉。环境传感器用于识别物体和检测物体与机器人的距离，相当于视觉。

5.3　机械手电磁阀的安装

5.3.1　电磁阀的选型原则

电磁阀的选型，首先应该依次遵循安全性、可靠性、适用性、经济性4大原则，其次是根据6个方面的现场工况，即管道参数、流体参数、压力参数、电气参数、工作时间、环境要求进行选择。

1. 安全性原则

（1）对腐蚀性介质宜选用全不锈钢电磁阀；对于强腐蚀的介质必须选用隔离膜片式；中性介质也宜选用铜合金为阀壳材料的电磁阀，否则阀壳中常有锈屑脱落，尤其是动作不频繁的场合。氨用阀不能采用铜材。

（2）对爆炸性环境必须选用相应防爆等级产品，露天安装或粉尘多的场合应选用防水、防尘品种。

（3）电磁阀公称压力应超过管内最高工作压力。

2. 可靠性原则

（1）工作寿命。

此项内容不列入出厂试验项目，属于形式试验项目，为确保质量应选正规厂家的名牌产品。

（2）工作制式。

分为长期工作制、反复短时工作制和短时工作制三种。对于长时间阀门开通只有短时关闭的情况，则宜选用常开电磁阀。

（3）动作频率。

动作频率要求高时，结构应优选直动式电磁阀，电源应优选交流电。

（4）动作可靠性。

严格说来，此项试验尚未正式列入中国电磁阀专业标准，为确保质量应选正规厂家的名牌产品。有些场合动作次数并不多，但对可靠性要求却很高，如消防、紧急保护等，切不可掉以轻心。特别重要的是，还应采取两只连用双保险。

3. 适用性原则

（1）介质特性。

①气、液态或混合状态分别选用不同品种的电磁阀。

②介质温度不同，应选用不同规格的产品，否则线圈会烧掉、密封件老化，严重影响寿命。

③介质粘度通常在50cSt以下。若超过此值，通径大于15mm时，用多功能电

磁阀；通径小于15mm时，用高粘度电磁阀。

④介质清洁度不高时都应在电磁阀前配装反冲过滤阀。压力低时，可选用直动膜片式电磁阀。

⑤介质若是定向流通，且不允许倒流，需用双向流通。

⑥介质温度应选在电磁阀允许的范围之内。

（2）管道参数。

①根据介质流向要求及管道连接方式，选择阀门通口及型号。

②根据流量和阀门kV值选定公称通径，也可选同管道内径。

③工作压差：最低工作压差在0.04MPa以上时可选用间接先导式；最低工作压差接近或小于零的必须选用直动式或分步直接式。

（3）环境条件。

①环境的最高和最低温度应选在允许范围之内。

②环境中相对湿度高及有水滴、雨淋等场合，应选防水电磁阀。

③环境中经常有振动、颠簸和冲击等场合应选特殊品种，例如船用电磁阀。

④在有腐蚀性或爆炸性环境中使用，应优先根据安全性要求选用耐腐蚀型。

⑤环境空间若受限制，需选用多功能电磁阀，因其省去了旁路及三只手动阀，且便于在线维修。

4．经济性原则

经济性不单是产品的售价，更要优先考虑其功能、质量和安装维修以及其他附件所需费用，而且必须是在安全、适用、可靠的基础上的经济。更重要的是，一只电磁阀在整个自控系统中，乃至生产线中所占成本微乎其微，如果因贪图小便宜错选而造成的损害则是巨大的。

5．其他原则

（1）根据管道参数选择电磁阀的通径规格（DN）、接口方式。

①按照现场管道内径尺寸或流量要求来确定通径尺寸。

②接口方式：一般>DN 50要选择法兰接口；≤DN 50则可根据用户需要自由选择。

（2）根据流体参数选择电磁阀的材质、温度组。

①腐蚀性流体：宜选用耐腐蚀电磁阀和全不锈钢；食用超净流体：宜选用食品级不锈钢材质电磁阀。

②高温流体：要选择采用耐高温的电工材料和密封材料制造的电磁阀，而且要选择活塞式结构类型的。

③流体状态：包括有气态、液态或混合状态，特别是口径大于DN 25时一定要区分开来。

④流体粘度：通常在 50cSt 以下可任意选择，若超过此值，则要选用高粘度电磁阀。

（3）根据压力参数选择电磁阀的原理和结构品种。

①公称压力：这个参数与其他通用阀门的含义是一样的，是根据管道公称压力来定的。

②工作压力：如果工作压力低，则必须选用直动或分步直动式；最低工作压差在 0.04MPa 以上时，直动式、分步直动式、先导式均可选用。

（4）电气参数选用原则。

①根据供电电源种类，分别选用交流和直流电磁阀。一般来说，交流电源取用较方便。

②电压规格应尽量优先选用 AC 220V 或 DC 24V。

③电源电压波动：通常交流选用 ±10% ～ 15% 波动范围，直流允许 ±10% 波动。如若超差，须采取稳压措施。

④应根据设备容量选择额定电流和额定功率，须注意交流起动时 VA 值较高，在容量不足时应优先选用间接导式电磁阀。

（5）根据持续工作时间长短来选择（常闭、常开或可持续通电）。

①当电磁阀需要长时间开启，并且持续的时间多于关闭的时间时，应选用常开型。

②开启的时间短或开和关的时间不多时，则选常闭型。

③用于安全保护的工况，如炉、窑火焰监测，则不能选常开的，应选可长期通电型。

（6）根据环境要求选择辅助功能。

包括防爆、止回、手动、防水雾、水淋、潜水等。

5.3.2　安装电磁阀的注意事项

（1）阀体上箭头应与介质流向一致，不可装在有直接滴水或溅水的地方，电磁阀应垂直向上安装。

（2）电磁阀应保证在电源电压为额定电压的 15% ～ 10% 波动范围内正常工作。

（3）电磁阀安装后，管道中不得有反向压差，并需通电数次，使之适温后方可正式投入使用。

（4）电磁阀安装前应彻底清洗管道，通入的介质应无杂质，阀前装过滤器。

（5）当电磁阀发生故障或清洗时，为保证系统继续运行，应安装旁路装置。

5.3.3 常见故障及排除方法

1. 电磁阀通电后不工作

（1）检查电源接线是否不良→重新接线和接插件的连接。

（2）检查电源电压是否在正常工作范围→调至正常位置范围。

（3）线圈是否脱焊→重新焊接。

（4）线圈短路→更换线圈。

（5）工作压差是否不合适→调整压差或更换相称的电磁阀。

（6）流体温度过高→更换相称的电磁阀。

（7）有杂质使电磁阀的主阀芯和动铁芯卡死→进行清洗；如有密封损坏，应更换密封，并安装过滤器。

（8）液体粘度太大、频率太高和寿命已到→更换产品。

2. 电磁阀不能关闭

（1）主阀芯或动铁芯的密封件已损坏→更换密封件。

（2）流体温度、粘度是否过高→更换对口的电磁阀。

（3）有杂质进入电磁阀主阀芯或动铁芯→进行清洗。

（4）弹簧寿命已到或变形→更换。

（5）节流孔平衡孔堵塞→及时清洗。

（6）工作频率太高或寿命已到→改选产品或更新产品。

3. 其他情况

（1）内泄漏→检查密封件是否损坏，弹簧是否装配不良。

（2）外泄漏→连接处松动或密封件已坏→紧螺丝或更换密封件。

（3）通电时有噪声→头子上坚固件松动→拧紧。

（4）电压波动不在允许范围内→调整好电压。

（5）铁芯吸合面有杂质或不平→及时清洗或更换。

5.4 传感器与电磁阀线路接头的处理

传感器与其他部分连接主要采用传感器连接器，即各种传感器上面用的连接器，连接器起到寻找信号和连接信号的作用。同样，电磁阀也需要电磁阀连接器。电磁阀连接器由插头和插座组成，插头为方形，插座有方形和圆形，应根据接口不同选择适合的型号（参见图5-16、图5-17）。

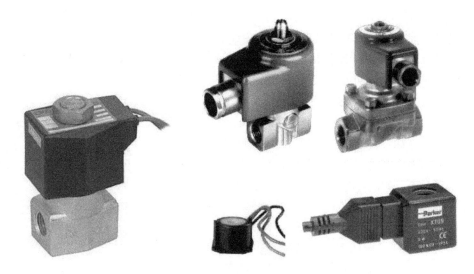

图5－16　方形电磁阀连接器　　　　　　图5－17　圆形电磁阀连接器

电磁阀连接器广泛应用于传感器、检测仪器、电子仪器仪表、电子机械、通信、航空、航海、计算机、LED灯、工业自动化等领域。

5.5　真空发生器和数显压力表

真空发生器就是利用正压气源产生负压的一种新型、高效、清洁、经济、小型的真空元器件（参见图5－18），这使得在有压缩空气的地方或在一个气动系统中同时需要正负压的地方获得负压变得十分容易和方便。真空发生器广泛应用于工业自动化中的机械、电子、包装、印刷、塑料及机器人等领域。

图5－18　真空发生器

当发生泄漏时，真空发生器的特性曲线对正确确定真空发生器非常重要。泄漏有时是不可避免的，当有泄漏时，确定真空发生器大小的方法如下：把名义吸入流量与泄漏流量相加，可查出真空发生器的大小。

数显压力表又称数字压力表，内置压力传感器，是集压力测量、显示于一体的高精度压力表，具有抗震动、显示精度高、稳定性高、可清零、自动待机等特点。

数字压力表是采用单片机控制的在线测量仪表（见图 5 – 19）。它采用电池长期供电方式，无需外接电源，安装使用方便。数字压力表可用于绝压、差压的检测，其形式品种多样，主要分为普通型和防爆型两种，能满足各种测量需要。它从根本上克服了指针式压力表精度低、可靠性差、损坏率高等诸多缺点，尤其适合在腐蚀、振动等场所使用。

图 5 – 19　数显压力表

思考与练习

1. 电磁阀有哪些种类？
2. 机械手的传感器有哪些？
3. 简述机械手电磁阀安装的注意事项。
4. 传感器与电磁阀线路接头应如何处理？
5. 简述真空发生器和数显压力表的作用。

第6章

变频器原理及安装过程

6.1 变频器的认识

6.1.1 变频器简介

1. 变频器简介

变频器（frequency converter）是利用电力电子半导体器件的通断作用，把电压、频率固定不变的交流电转变成电压、频率都可调的交流电。现在使用的变频器主要采用交–直–交的工作方式，先把工频交流电整流成直流电，再把直流电逆变为频率、电压均可控制的交流电。变频器输出的波形是模拟正弦波，主要用于电动机的调速，又叫变频调速器。

在变频器出现之前，要调整电动机转速的应用需透过直流电动机才能完成，不然就要利用内建耦合机的 VS 电动机，在运转中用耦合机使电动机的实际转速下降。变频器简化了上述工作环节，缩小了设备体积，大幅度降低了维修率。不过变频器的电源线及电动机线上面有高频切换信号，会造成电磁干扰，而变频器输入侧的功率因素一般不佳，会产生电源端的谐波。

变频器的应用范围很广，从小型家电到大型矿场的研磨机及压缩机都会用到变频器。全球约 1/3 的能量是消耗在驱动定速离心泵、风扇及压缩机的电动机上，而变频器的市场渗透率仍不算高。能源效率的显著提升是使用变频器的主要原因之一。

变频器技术和电力电子有密切关系，包括半导体切换元件、变频器拓扑、控制及模拟技术、控制硬件及固件的进步等。

2. 台达变频器简介

台达 VFD 变频器如图 6–1 所示，目前已在工业自动化市场建立了广泛的品牌知名度。各系列产品针对力矩、损耗、过载、超速运转等不同操作需求而设计，并依据不同的产业机械属性作调整，可提供客户最多元化的选择，并广泛应用在工业自动化控制领域，具有高功率体积比、品质卓越、能针对不同行业开发专用产品的特点。

变频器是台达自动化产品的开山之作，也是目前台达自动化产品中销售额最大的产品。在竞争激烈的市场中，台达变频器始终保持着强劲的增长势头，在高端产品市场和经济型产品市场均斩获颇丰。在应用领域，继 OEM 市场取得不可撼动的市场地位之后，2008 年，台达变频器又将目光投向了更广阔的领域——电梯、起重、空调、冶金、电力、石化以及节能减排项目，都是长袖善舞之所。在参与这些工程项目的过程中，台达变频器团队提供系统解决方案的能力也得以提升。同时，台达又不断推出高端产品，拓展在高端领域的应用，以实力取胜竞争日趋白热化的变频器市场。

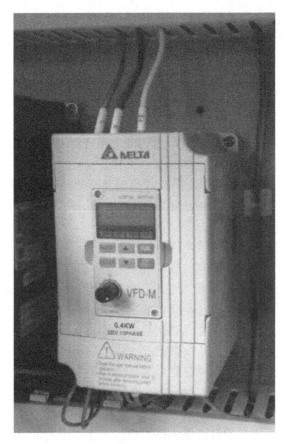

图 6 - 1　台达变频器

6.1.2　变频器历史发展

变频技术诞生的背景是交流电机无级调速的广泛需求。传统的直流调速技术因体积大、故障率高而应用受限。

20 世纪 60 年代以后，电力电子器件普遍应用了晶闸管及其升级产品，但其调速性能仍远远无法满足需要。

20 世纪 70 年代开始，脉宽调制变压变频（PWM – VVVF）调速的研究得到了突破，20 世纪 80 年代以后，微处理器技术的完善，使得各种优化算法得以容易实现。

20 世纪 80 年代中后期，美、日、德、英等发达国家的 VVVF 变频器技术开始实用化，商品投入市场，得到了广泛应用。最早的变频器可能是日本人买了英国专利研制的。不过美国和德国凭借电子元件生产和电子技术的优势，以高端产品迅速抢占市场。

步入 21 世纪后，国产变频器逐步崛起，现已逐渐抢占高端市场。上海和深圳成为国产变频器发展的前沿阵地，涌现出了像汇川变频器、英威腾变频器、安邦信变频器、欧瑞变频器等一批知名国产变频器。其中安邦信变频器成立于 1998 年，是我国最早生产变频器的厂家之一。十几年来，安邦信人以浑厚的文化底蕴作基石，企业较早通过了 TUV 机构 ISO9000 质量体系认证，被授予"国家级高新技术企业"，多年被评为"中国变频器用户满意十大国内品牌"。

6.1.3　变频器的基本分类

1. 按变换的环节分类

（1）交 – 直 – 交变频器。

交 – 直 – 交变频器是先把工频交流通过整流器变成直流，然后再把直流变换成频率电压可调的交流，又称间接式变频器，是目前广泛应用的通用型变频器。

（2）交 – 交变频器。

交 – 交变频器即将工频交流直接变换成频率电压可调的交流，又称直接式变频器。

2. 按直流电源性质分类

（1）电压型变频器。

电压型变频器的特点是中间直流环节的储能元件采用大电容，负载的无功功率将由它来缓冲，直流电压比较平稳，直流电源内阻较小，相当于电压源，故称电压型变频器，常选用于负载电压变化较大的场合。

（2）电流型变频器。

电流型变频器的特点是中间直流环节采用大电感作为储能环节，缓冲无功功率，即扼制电流的变化，使电压接近正弦波，由于该直流内阻较大，故称电流型变频器。电流型变频器的特点（优点）是能扼制负载电流频繁而急剧的变化，常选用于负载电流变化较大的场合。

3. 按主电路工作方法分类

（1）电压型变频器；

（2）电流型变频器。

4．按工作原理分类

（1）V/f 控制变频器；

（2）转差频率控制变频器；

（3）矢量控制变频器等。

5．按开关方式分类

（1）PAM 控制变频器；

（2）PWM 控制变频器；

（3）高载频 PWM 控制变频器。

6．按用途分类

（1）通用变频器；

（2）高性能专用变频器；

（3）高频变频器；

（4）单相变频器；

（5）三相变频器。

7．按变频器调压方法分类

（1）PAM 变频器是一种通过改变电压源 Ud 或电流源 Id 的幅值进行输出控制的变频器。

（2）PWM 变频器的工作方式是按一定规律改变脉冲列的脉冲宽度，以调节输出量和波形，其等值电压为正弦波，波形较平滑。

8．按工作原理分类

（1）U/f 控制变频器（VVVF 控制）；

（2）SF 控制变频器（转差频率控制）；

（3）VC 控制变频器（Vectory Control 矢量控制）。

9．按国际区域分类

（1）国产变频器：普传、安邦信、浙江三科、欧瑞传动、森兰、英威腾、蓝海华腾、迈凯诺、伟创、美资易泰帝、台湾变频器台达、香港变频器等；

（2）欧美变频器：ABB、西门子、日本变频器富士三菱等。

10．按电压等级分类

（1）高压变频器：3kV，6kV，10kV；

（2）中压变频器：660V，1140V；

（3）低压变频器：220V，380V。

11．按电压性质分类

（1）交流变频器：AC－DC－AC（交－直－交）、AC－AC（交－交）；

（2）直流变频器：DC－AC（直－交）。

6.1.4　变频器的基本组成

变频器主要由整流、滤波、逆变、制动单元、驱动单元、检测单元和微处理单元等组成。如图 6 - 2 所示。

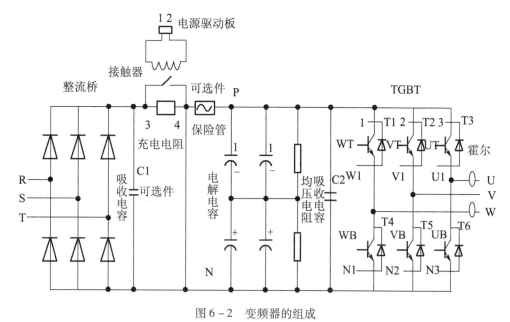

图 6 - 2　变频器的组成

1. 交流 - 直流部分（整流部分）

（1）整流电路。

由 VD1 ～ VD6 六个整流二极管组成不可控全波整流桥。对于 380V 的额定电源，二极管反向耐压值一般应选 1 200V。二极管的正向电流为电机额定电流的1. 414 ～ 2 倍。

（2）吸收电容 C1。

整流电路输出的是脉动的直流电压，必须加以滤波。滤波电容 C1 除滤波作用外，还在整流与逆变之间起去耦作用，消除干扰，提高功率因素。由于该大电容储存能量，在断电的短时间内电容两端存在高压电，因而要在电容充分放电后才可进行操作。

（3）吸收电容 C2。

由于逆变管每次由导通切换到截止状态的瞬间，C 极和 E 极间的电压将由近乎0 上升到直流母排电压值 U_d，此时过高的电压增长率可能会损坏逆变管，吸收电容C2 的作用便是降低逆变管关断时的电压增长率。

（4）压敏电阻。

压敏电阻的作用是过电压保护与满足耐雷击要求。

（5）热敏电阻。

热敏电阻的作用是过热保护。

（6）霍尔。

安装在 U，V，W 的其中两相，用于检测输出电流值。选用时额定电流约为电机额定电流的 2 倍。

（7）电解电容。

电解电容又叫储能电容，在充电电路中的主要作用为储能和滤波。PN 两端的电压工作范围一般在 430 ～ 700V（DC）之间，而一般的高压电容都在 400V（DC）左右。为了满足耐压需要，就必须是两个 400V（DC）的电容串连起来达到 800V（DC）。容量选择 $\geqslant 60\mu F/A$。

（8）充电电阻。

充电电阻的作用是防止开机（上电）瞬间的涌浪电流烧坏电解电容。因为开机（上电）前电容两端的电压为 0，在开机（上电）的瞬间，电容相当于短路状态。如果整流桥与电解电容之间没有充电电阻，相当于电源直接短路，瞬间整流桥通过无穷大的电流会导致整流桥炸掉。一般而言，变频器的功率越大，充电电阻越小。充电电阻的选择范围一般为 10 ～ 300Ω。

（9）均压电阻。

均压电阻的作用是防止电解电容的电压不均从而烧坏电解电容。因为两个电解电容不可能做成完全一致，这样每个电容上所承受的电压就可能不同。承受电压高的电容会严重发热或因超过耐压值而损坏。

（10）吸收电容 C2。

主要作用是吸收 IGBT 的过流与过压能量。

2．直流－交流部分（逆变部分）

（1）VT1 ～ VT6 逆变管（IGBT）。

VT1 ～ VT6 逆变管是构成逆变电路的主要器件，也是变频器的核心元件。其作用是把直流电逆变为频率和幅值都可调的交流电。

（2）续流二极管。

①保护 IGBT，防止 IGBT 在工作时被反电动势损坏。逆变时同一桥臂的两个逆变管不停地交替导通和截止，在换相过程中也需要续流二极管提供通路。也就是所说的无功功率（其实就是电感中储存的能量）。所以在设计逆变系统时，必须给无功功率返回电网提供回路，这样才不会烧毁逆变桥上的 IGBT 等器件。没有续流二极管，IGBT 就会被反向击穿。

②变频器的负载是电机，而电机是一种感性负载，所以它必然要向电源侧返送能量。当频率下降、电动机处于再生制动时，再生电流将通过续流二极管返回给直流电路。

3．控制部分

（1）电源板。

开关电源电路向 CPU 及其附属电路、控制电路、显示面板、操作面板、主控板、驱动电路、检测电路及风扇等提供低压电源。

（2）驱动板。

主要是将 CPU 生成的 PWM 脉冲信号通过驱动电路，产生符合要求的驱动信号，以此来激励 IGBT 输出电压。

（3）控制板。

控制板也叫 CPU 板，相当于人的大脑，处理各种信号以及控制程序等部分。

（4）主电路。

主电路是给异步电动机提供调压调频电源的电力变换部分。变频器的主电路大体上可分为两类：电压型是将电压源的直流变换为交流的变频器，直流回路的滤波是电容。电流型是将电流源的直流变换为交流的变频器，其直流回路滤波是电感。

4．整流器

目前大量使用的整流器是二极管的变流器，它把工频电源变换为直流电源。也可用两组晶体管变流器构成可逆变流器，由于其功率方向可逆，可以进行再生运转。

变频器中的整流器可由二极管或晶闸管单独构成，也可由两者共同构成。由二极管构成的是不可控整流器，由晶闸管构成的是可控整流器。二极管和晶闸管都用的整流器是半控整流器。整流器形状如图 6 - 3 所示。

5．中间电路

中间电路可看作一个能量的存储装置，电动机可以通过逆变器从中间电路获得能量。和逆变器不同，中间电路可根据三种不同的原理构成。

图 6 - 3　整流器

在使用电源逆变器时，中间电路由一个大的电感线圈构成，它只能与可控整流器配合使用。电感线圈将整流器输出的可变电流电压转换成可变的直流电流。电机电压的大小取决于负载的大小。

中间电路的滤波器使斩波器输出的方波电压变得平滑。滤波器的电容和电感使输出电压在给定频率下维持一定。

中间电路还能提供如下一些附加功能，这取决于中间电路的设计。例如：

（1）使整流器和逆变器解耦；

（2）减少谐波；

（3）储存能量以承受断续的负载波动。

6．平波回路

在整流器整流后的直流电压中，含有电源 6 倍频率的脉动电压，此外，逆变器产生的脉动电流也使直流电压变动。为了抑制电压波动，采用电感和电容吸收脉动电压（电流）。装置容量比较小时，如果电源和主电路构成器件有余量，可以省去电感而采用简单的平波回路。

7. 逆变器

同整流器相反，逆变器（见图6-4）是将直流功率变换为所要求频率的交流功率，以所确定的时间使6个开关器件导通、关断就可以得到3相交流输出。下面以电压型PWM逆变器为例来说明。

控制电路是给异步电动机供电（电压、频率可调）的主电路提供控制信号的回路，它由频率、电压的"运算电路"，主电路的"电压、电流检测电路"，电动机的"速度检测电路"，将运算电路的控制信号进行放大的"驱动电路"，以及逆变器和电动机的"保护电路"组成。

图6-4　逆变器

（1）运算电路。

将外部的速度、转矩等指令同检测电路的电流、电压信号进行比较运算，决定逆变器的输出电压、频率。

（2）电压、电流检测电路。

与主回路电位隔离，检测电压、电流等。

（3）驱动电路。

驱动主电路器件的电路。它与控制电路隔离，使主电路器件导通、关断。

（4）速度检测电路。

以装在异步电动机轴机上的速度检测器（tg，plg等）的信号为速度信号，送入运算回路，根据运算指令可使电动机按指令速度运转。

（5）保护电路。

检测主电路的电压、电流等，当发生过载或过电压等异常时，可防止逆变器和异步电动机损坏。

逆变器是变频器的最后一个环节，其后与电动机相连，最终产生适当的输出电压。

变频器通过使输出电压适应负载的办法，保证在整个控制范围内提供良好的运行条件，并将电机的励磁维持在最佳值。

逆变器可以从中间电路得到以下三者之一。

（1）可变直流电流；

（2）可变直流电压；

（3）固定直流电压。

在以上每种情况下，逆变器都要确保给电机提供可变的量。换句话说，电动机电压的频率总是由逆变器产生的。如果中间电路提供的电流或电压是可变的，逆变器只需调节频率即可。如果中间电路只提供固定的电压，则逆变器既要调节电动机的频率，还要调节电动机的电压。

晶闸管在很大程度上被频率更好的晶体管所取代，因为晶体管可以快速地导通和关断。开关频率取决于所用的半导体器件，典型的开关频率在 300Hz 到 20kHz 之间。

逆变器中的半导体器件，由控制电路产生的信号使其导通和关断。这些信号可以受到不同的控制。

6.2　变频器的基本原理

6.2.1　电机调速的原理

这里提到的电机为感应式交流电机，在工业中所使用的大部分电机均为此类型电机。感应式交流电机的旋转速度取决于电机的极数和频率：

$$n = 60f/p$$

式中，n——电机旋转磁场的同步转速；

　　　f——电源频率；

　　　p——电机的极对数。

电机极数的数值并不是一个连续的数值（为 2 的倍数，例如极数为 2，4，6），所以一般通过改变电机的极数或极对数来改变电机转速的方式为有级调速。而频率能够在被调节后再"供给"电机，这样电机的转速就可以被自由地调节，这种调速方式属于无级调速。因此以控制频率为目的的变频器，是电机调速的优选设备，其中同时改变变频器的输出频率和电压是最优的电机调速方法。如果仅仅改变变频器的输出频率而不改变其输出电压，频率降低时会使电机出现过励磁（磁通增加），导致电机铁芯过热并且可能被烧坏。因此变频器在改变输出频率的同时必须相应地改变其输出电压。当变频器的输出频率在额定频率以上时，由于电压不可以继续增加（最高也只能是电机的额定电压），磁通会随着频率的增加而相应地减少。

VVVF 是 Variable Voltage and Variable Frequency 的缩写，意为改变电压和改变频率，也就是所说的变压变频。

CVCF 是 Constant Voltage and Constant Frequency 的缩写，意为恒电压、恒频率，

也就是所说的恒压恒频。

对一个特定的电机来说，其额定的功率、电压和电流是不变的。例如某个变频器和电机的额定值都是 15kW/380V/30A，且电机可以工作在 50Hz 以上。当转速为 50Hz 时，变频器的输出电压为 380V，电流为 30A。这时如果增大输出频率到 60Hz，变频器的最大输出电压/电流也只能是 380V/30A，很显然，输出功率不变，所以称之为恒功率调速。此时电机输出功率：

$$P = w \times T$$

式中，P——电机输出功率；

$\qquad w$——角速度；

$\qquad T$——电机电磁转矩。

P 不变，w 增加了（$w = 2\pi f$），所以转矩 T 会相应地减小。再换一个角度来分析，电机的定子电压：

$$U = E + I \times R$$

式中，U——电机的定子电压；

$\qquad I$——电机定子电枢电流；

$\qquad R$——电机定子电枢电阻；

$\qquad E$——电机定子感应电势。

其中 $E = CE \times f \times X$（CE——电机电势常数；f——频率；X——磁通）。

当 U，I 不变时，E 也不变。所以当 f 由 50Hz 升高到 60Hz 时，X 会相应减小。电机输出转矩：

$$T = CT \times I \times X$$

式中，T——电机输出转矩；

$\qquad CT$——电机的转矩常数；

$\qquad I$——电机定子电枢电流；

$\qquad X$——磁通。

因此，电机输出转矩 T 会随着磁通 X 的减小而减小。当变频器输出频率小于 50Hz 时，由于 $I \times R$ 很小，可以忽略不计，所以在 $U/f \approx E/f$ 不变时，磁通 X 为常数，转矩 T 和电流 I 成正比。这也是为什么通常用变频器的过流能力来描述其过载（转矩）能力，并称为恒转矩调速（额定电流不变即最大转矩不变）的原因。因此，在额定频率之下的调速称为恒转矩调速（$T = T_r$，$P_o \leqslant P_r$）。例如为了使电机的旋转速度减半，把变频器的输出频率从 50Hz 改变到 25Hz，这时变频器的输出电压就需要从 380V 改变到约 190V。

变频器输出频率大于电机的额定频率时，电机的输出转矩将降低，且输出转矩以和频率成反比的线性关系下降。在额定频率之上的调速称为恒功率调速（$P = U_r \times I_r$）。例如电机在 100Hz 时产生的转矩大约要降低到 50Hz 时产生转矩的 1/2。

通常的电机是按额定电压和频率来设计制造的，其额定转矩也是在这个电压频率范围内给出的。当电机以大于其额定转速的转速运行时，必须考虑电机负载的大小，以防止电机输出转矩不足而使电机产生堵转，并可能烧毁电机。

6.2.2 变频器基本知识

1. 电机直接起动和用变频器起动时的区别

变频器驱动电机起动时的输出电流、起动转矩和最大转矩要比直接通过工频电源起动时的数值小。电机在工频电源下起动时，起动电流和加速冲击很大；电机通过变频器起动时，因为变频器的输出电压和频率是逐渐加到电机上的，所以电机的起动电流和冲击要小些。通常，电机的输出转矩要随着频率的下降（转速降低）而减小，减小的实际数据在各变频器厂家的使用手册中会给出说明。通过使用磁通矢量控制的变频器，将改善在低速时电机输出转矩不足的情况，甚至在低速时也会使电机输出足够的转矩。

2. 变频器如何改善电机的输出转矩

（1）转矩提升。

常规的 V/F 控制，电机定子上的电压降随着电机速度的降低而相对增加，这就导致电机励磁不足而不能获得足够的旋转力。为了补偿这个不足，变频器需要提供一个补偿电压，来补偿电机速度降低而引起的电压降。变频器的这个功能叫转矩提升，通过增加变频器的输出电压（主要在低频时），在异步电机变频调速系统中，转矩的控制较复杂。在低频段，由于电阻、漏电抗的影响不能忽略，若仍保持 V/F 为常数，磁通将会减少，进而减小了电机的输出转矩。为此，在低频段要对电压进行适当补偿以提升输出转矩。可是，漏阻抗的影响不仅与频率有关，还和电机电流的大小有关，准确补偿是很困难的。转矩提升可以补偿定子电阻上的电压降引起的输出转矩损失，从而改善电机的输出转矩。

（2）矢量控制。

即使通过转矩提升功能来提高变频器的输出电压，电机的输出转矩也并不能与其电流相对应地提高，因为电机电流包含电机产生的转矩分量和其他分量（如励磁分量）。矢量控制方式则把电机的电流值进行分配，从而确定产生转矩的电机电流分量和其他电流分量的数值。矢量控制可以通过对电机电压降的响应进行优化补偿，在不增加电流的情况下，允许电机产出大的转矩。此功能对改善电机低速时的温升也有效。

3. 变频器的发热和散热

要正确地使用变频器，必须认真地考虑其散热问题。变频器的故障率随着温度的升高成指数地上升，使用寿命随着温度的升高成指数地下降。环境温度升高 10℃，变频器使用寿命减半。

变频器的发热量大概可以用以下公式来估算：

$$发热量 \approx 变频器容量（kW）\times 55$$

如果变频器带有直流电抗器或交流电抗器，并且这些电抗器与变频器安装在同一个控制柜里面，那么发热量会更大。电抗器的安装位置在变频器侧面或侧上方比较好。此时变频器的发热量 $\approx$ 变频器容量（kW）$\times 60$。

因为各变频器厂家的硬件都差不多，所以上式可以针对各品牌的产品。如果装有制动电阻，最好将制动电阻和变频器隔开，如安装在柜子上面或旁边等，因为制动电阻的散热量很大。

一般功率稍微大一点的变频器都带有冷却风扇。如果变频器安装在控制柜里，建议在控制柜上方出风口处安装冷却风扇。同时进风口要加滤网以防止灰尘进入控制柜。

其他关于散热的问题：

（1）海拔对散热的影响。

在海拔高于 1 000m 的地方，因为空气密度降低，因此应加大控制柜的冷却风量以改善冷却效果。理论上，变频器也应考虑降容，海拔每升高 1 000m，变频器降容 5%。但是也要看具体的应用，因为变频器设计的负载能力和散热能力一般比实际使用的要大。

（2）开关频率。

变频器的发热主要来自于 IGBT，IGBT 的发热主要集中在"开"和"关"的瞬间。IGTB 开关频率高时，变频器的发热量就自然变大了。有的厂家宣称降低开关频率可以扩容就是这个道理。

4．变频器制动的情况

变频器的制动是指电能从电机侧流到变频器侧（或供电电源侧），这时电机的转速高于同步转速。机械抱闸装置的方法是用制动装置把物体动能转换为摩擦和能消耗掉。对于变频器制动，如果输出频率降低，电机转速将跟随频率同样降低，这时会产生制动过程。由制动产生的功率将返回到变频器侧，这些功率可以用电阻发热消耗。在用于提升类负载时，负载下降时能量（势能）也要返回到变频器（或电源）侧进行制动，这种操作方法被称作"再生制动"，而该方法可应用于变频器制动。在减速期间，产生的功率如果不通过热消耗的方法消耗掉，而是把能量返回送到变频器电源侧的方法叫做"功率返回再生方法"。在实际中，这种应用需要"能量回馈单元"选件。为了用散热来消耗再生功率，需要在变频器侧安装制动电阻。为了改善制动能力，不能只期望通过增加变频器的容量来解决问题，可以选用"制动电阻""制动单元"或"功率再生变换器"等选件来改善变频器的制动容量。

6.3 变频器的安装过程

6.3.1 变频器外观（以台达变频器为例）

1．铭牌说明

以1HP 230V 为例来说明台达变频器铭牌，如图6-5 所示。

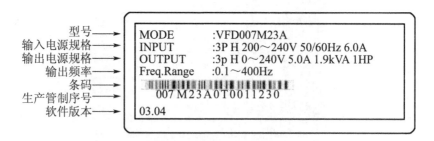

图6-5 台达变频器铭牌说明

2．序号说明

台达变频器序号说明如图6-6 所示。

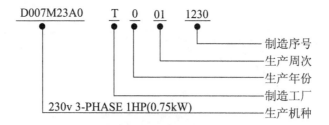

图6-6 台达变频器序号说明

3．台达变频器外部结构

台达变频器的外部结构如图6-7 所示。

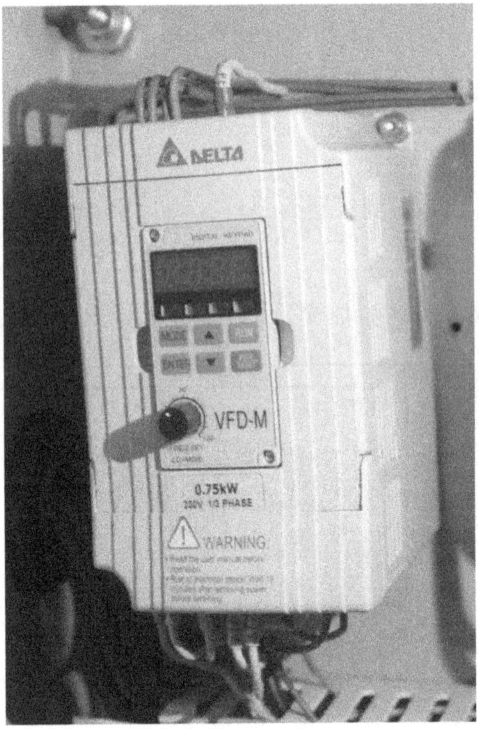

图 6 - 7　台达变频器外部结构图

4．面板的取出

先用螺丝起子将面板上的螺丝松开取出，用手指将面板左右两边轻压后拉起，即可将面板取出。如图 6 - 8 所示。

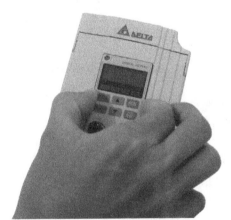

图 6 - 8　取出台达变频器面板

5. 输入侧端子和输出侧端子的打开

用手轻拨旋盖，即可打开输入侧端子，如图6-9所示。

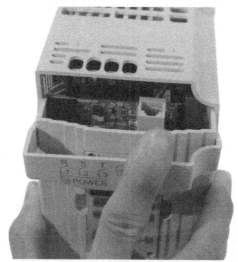 

图6-9　打开输入侧端子旋盖（R，S，T侧）　　图6-10　打开输出侧端子旋盖（U，V，W侧）

用手轻拨旋盖，即可打开输出侧端子，如图6-10所示。

6.3.2　产品安装

1. 变频器的安装环境

（1）环境温度。

环境温度：-10 ～ 50℃

变频器内部是大功率的电子元件，极易受到工作温度的影响，为了保证工作安全、可靠，使用时应考虑留有余地，最好控制在40℃以下。如环境温度太高且温度变化大时，变频器的绝缘性就会大大降低。

（2）环境湿度。

相对湿度不超过90%（无结露）。必要时，在变频柜箱中增加干燥剂和加热器。

（3）振动和冲击。

装有变频器的控制柜受到机械振动和冲击时，会引起电气接触不良。这时除了提高控制柜的机械强度、远离振动源和冲击源外，还应使用抗振橡皮垫固定控制柜外和内电磁开关之类产生振动的元器件。设备运行一段时间后，应对其进行检查和维护。

（4）电气环境。

①防止电磁波干扰；

②防止输入端过电压。

（5）其他条件。

无阳光直射、无腐蚀性气体及易燃气体、尘埃少、海拔低于 1 000 m 等条件都要尽量满足。

2. 安装空间

（1）安装空间。

变频器的安装空间如图 6－11 所示。

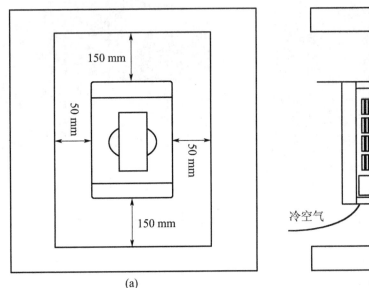

图 6－11　安装空间

（2）安装及注意事项。

变频器的安装如图 6－12 所示。

①变频器应使用螺钉垂直安装于牢固的结构体上，切勿倒装、斜装或水平安装。

②变频器运转时会产生热量，为确保冷却空气的通路，设计时应留有一定的空间，如图 6－11b 所示。

③产生的热量向上散发，所以不要安装在不耐热的设备的下方。若安装在控制盘内时，更需要考虑要通风散热，保证变频器的周围温度不超过规范值。

④请勿将变频器安装在通风散热不良的密闭箱中，否则容易因过热造成机器故障。

⑤变频器运转时，散热板的温度最高会上升到接近 90℃ 。所以，变频器背面的安装面必须要用能承受较高温度的材质。

⑥在同一个控制盘中安装多台变频器时，为了减少相互间的热影响，建议横向安装。如必须上、下安装，则必须设置分隔板，以减少下部产生的热量对上部的影响。

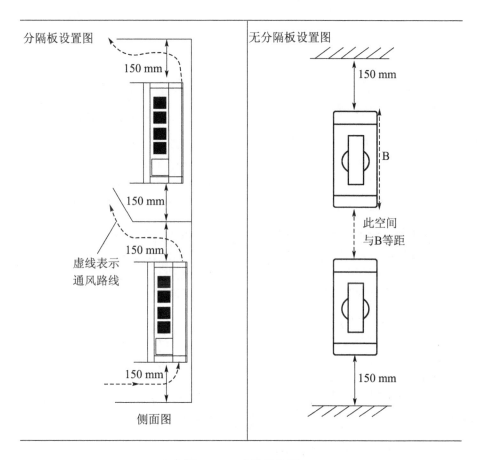

图 6 – 12　安装及使用

6.3.3　配线说明

　　台达变频器的配线示意图、系统配线图分别如图 6 – 13、图 6 – 14 所示，其系统配线说明如表 6 – 14 所示。

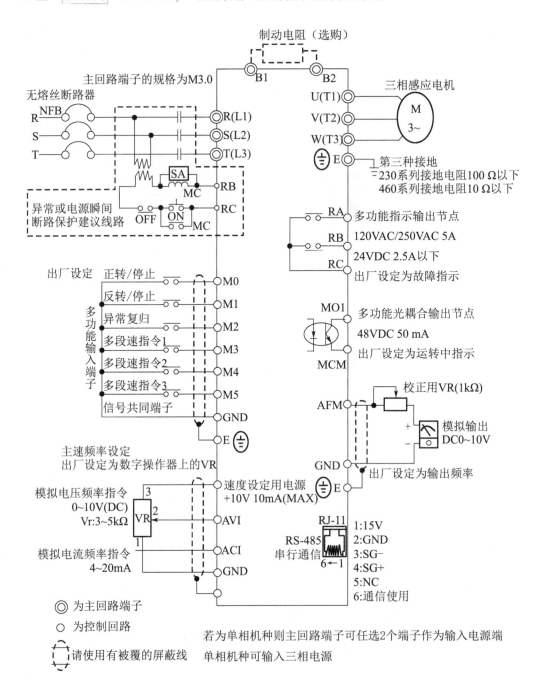

图 6－13　台达变频器配线示意图

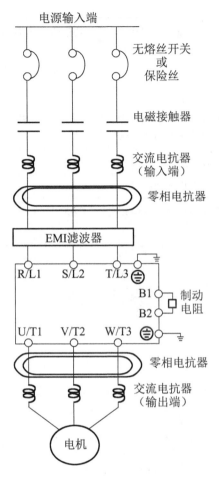

图 6-14   台达变频器系统配线图

表 6-1   台达变频器系统配线说明

电源输入端	请依照使用手册中额定电源规格供电
无熔丝开关 或保险丝	电源开启时可能会有较大的输入电流，请选用适当的无熔丝开关或保险丝
电磁接触器	开/关一次侧电磁接触器可以使变频器运行/停止。但频繁地开/关是引起变频器故障的原因。运行/停止的次数最高不要超过 1 小时/次。请勿将电磁接触器作为变频器的电源开关，因为其将会降低交流电机驱动器的寿命

续表

交流电抗器 （输入端）	当主电源容量大于 500kVA 或有切换进相电容时，可能会有过大的突波电压输入至变频器，造成变频器内部故障或损坏。为避免此情况发生，建议于变频器输入侧加装一个交流电抗器，如此也可以改善电源侧功因。配线距离需在 10m 以内
零相电抗器	用来降低辐射干扰，特别是有音频装置的场所，且同时降低输入和输出侧干扰。有效范围为 AM 波段到 10MHz
EMI 滤波器	可用来降低电磁干扰
制动电阻	用来缩短电机减速时间
交流电抗器 （输出端）	电机配线长短会影响电机端反射波的大小，当电机配线长 > 20m 时，建议加装

思考与练习

1. 变频器有哪些种类？
2. 变频器由哪些部分组成？
3. 简述变频器的工作原理。
4. 简述变频器的安装步骤。
5. 变频器的参数如何设置？